农业气候变化风险管理

汪阳洁　著

科学出版社
北　京

内 容 简 介

在全球气候变化背景下，极端气候事件发生频率和强度不断增加，灾害风险进一步加剧，给我国粮食供给保障和农业可持续发展带来巨大挑战。本书以水稻为案例，就农业应对长期气候变化和极端灾害的风险管理开展跨学科交叉实证研究，通过定量分析不同主体应对气候变化采取的管理和投资措施，以及措施采用的影响因素和实施效果，以增进我们对农业气候和极端灾害风险管理与适应的认知。

本书适合资源环境经济与农业可持续发展等领域的广大师生，同时也适合对气候变化经济与政策感兴趣的读者。

图书在版编目（CIP）数据

农业气候变化风险管理/汪阳洁著. —北京：科学出版社，2023.7

ISBN 978-7-03-063789-5

Ⅰ. ①农… Ⅱ. ①汪… Ⅲ. ①农业气象-气候变化-风险管理 Ⅳ. ①S162

中国版本图书馆 CIP 数据核字（2019）第 281292 号

责任编辑：徐 倩 / 责任校对：严 娜
责任印制：张 伟 / 封面设计：有道设计

科 学 出 版 社 出版
北京东黄城根北街 16 号
邮政编码：100717
http://www.sciencep.com
北京建宏印刷有限公司印刷
科学出版社发行 各地新华书店经销
*
2023 年 7 月第 一 版 开本：720 × 1000 1/16
2023 年 7 月第一次印刷 印张：10 3/4
字数：217 000

定价：116.00 元

（如有印装质量问题，我社负责调换）

目　录

第 1 章　导论……1

1.1　气候变化的基本事实……1

1.2　气候变化对中国农业的影响……2

1.3　农业适应气候变化的重要性……3

1.4　研究问题及主要内容……4

1.5　本书结构……6

第 2 章　国内外研究进展……8

2.1　气候变化对农业部门的影响研究……8

2.2　农业适应气候变化研究……15

2.3　气候变化对农业影响研究方法……29

2.4　本章小结……43

第 3 章　研究数据和方法……45

3.1　研究框架……45

3.2　数据来源……46

3.3　计量经济模型和估计方法……51

第 4 章　气候变化与中国水稻生产……54

4.1　中国水稻生产情况……54

4.2　气候变化与水稻生产……60

4.3　本章小结……65

第 5 章　气候变化对水稻单产的影响……66

5.1　简要背景……66

5.2　样本和数据……66

5.3　描述性统计分析……69

5.4　实证估计策略……78

5.5　估计结果……79

5.6　本章小结……89

第 6 章　水稻生产适应气候变化的应对措施……91

6.1　简要背景……91

6.2　农户层面应对旱灾和洪涝灾的适应策略……92

6.3 社区层面应对干旱和洪涝的适应策略 ……99
6.4 地方政府层面应对干旱和洪涝的适应策略 ……102
6.5 本章小结 ……105

第 7 章 农户农田管理类措施采用的决定因素 ……106
7.1 分析所用样本 ……106
7.2 水稻灌溉及其决定因素 ……106
7.3 水稻补种（苗）措施采用及其决定因素 ……113
7.4 本章小结 ……119

第 8 章 农田管理适应措施效果评估 ……121
8.1 灌溉对水稻单产的影响 ……121
8.2 补种（苗）对水稻单产的影响 ……129
8.3 本章小结 ……134

第 9 章 森林适应极端气候灾害效果评估 ……135
9.1 简要背景 ……135
9.2 森林与水相互作用的综合评估 ……136
9.3 数据及模型 ……138
9.4 实证模型 ……139
9.5 主要发现 ……142
9.6 本章小结 ……150

参考文献 ……152

第1章 导　　论

全球气候变暖与极端气候灾害风险管理不仅是当今重大科学问题，也是目前国际社会高度关注的重要议题。在全球气候变化背景下，极端气候事件（如干旱和洪涝等）发生频率和强度不断增加，灾害风险进一步加剧，给我国粮食供给保障和农业可持续发展带来巨大挑战。本书意在以水稻为案例，就农业应对长期气候变化和极端灾害的风险管理开展跨学科交叉实证研究，通过定量分析不同主体应对气候变化采取的管理和投资措施，以及措施采用的影响因素和实施效果，从而增进对气候和极端灾害风险管理与适应的认知，在此基础上，为我国粮食生产应对气候灾害的适应性投资和政策制定提供科学的实证依据。

1.1　气候变化的基本事实

尽管存在一定的不确定性，但越来越多的证据表明，地球气候正在经历以全球变暖为特征的重大变化。联合国政府间气候变化专门委员会（Intergovernmental Panel on Climate Change，IPCC）撰写的第六次评估报告表明，2011～2020 年，全球地表温度比 1850～1900 年上升了 0.95～1.20℃；预计至少到 21 世纪中叶，全球地表温度将继续上升，未来几十年内除非二氧化碳和其他温室气体排放大幅减少，否则全球地表温度将在 21 世纪上升 1.5℃至 2℃。在全球变暖背景下，近一百年来中国地表年平均气温也表现出与全球气候类似的增暖趋势。1901～2021 年，中国地表年平均气温呈显著上升趋势。1951～2021 年，中国地表年平均气温上升速率为 0.26℃/10 年，明显高于同期全球平均水平的 0.15℃/10 年。近 20 年是 20 世纪初以来中国的最暖时期。2021 年，中国地表平均气温较常年值偏高 0.97℃，为 1901 年以来的最高值（中国气象局气候变化中心，2022）。预测显示，到 21 世纪末，RCP4.5 情境下（即到 2100 年，温室气体浓度对应辐射强迫为 4.5Wm-2 下的模拟结果），全国平均气温将上升 1.5℃；RCP8.5 情境下（即到 2100 年，温室气体浓度对应辐射强迫为 8.5Wm-2 下的模拟结果），全国平均气温将上升 3.8℃（Yang et al.，2021）。

气候变化同时体现在降水量的改变上。IPCC 第六次评估报告表明，全球陆地降水量自 1950 年以来有所增加，1980 年后快速增加。自 20 世纪 80 年代以来，中纬度风暴路径可能在南北半球向两极移动，具有明显的季节性趋势。中国平均年降水量呈增加趋势，降水变化区域间差异明显。1961～2021 年，中国年均降水量平均每 10 年增加 5.5 毫米；2012 年以来年降水量持续偏多。2021 年，中国平均降水量较常年值偏多 6.7%，其中华北地区平均降水量为 1961 年以来最多，而华南地区平均降水量为近十年最少（中国气象局气候变化中心，2022）。

除气候变化的长期趋势外，与气候变化相关的一系列极端气候事件，比如干旱、洪涝、风暴潮、霜冻、冰雹等，近年来的发生频率和强度也逐渐增加（Easterling et al.，1999，2000a，2000b；Dai，2011，2013）。IPCC 的报告指出，人类活动引起的气候变化已经影响到全球各个地区极端气候事件的发生。根据《中国气候变化蓝皮书（2022）》统计数据，中国高温、强降水等极端天气气候事件趋多、趋强。1961～2021 年，中国极端强降水事件呈增多趋势；20 世纪 90 年代后期以来，极端高温事件明显增多，登陆中国台风的平均强度波动增强。一方面，降水量总体偏少，区域性极端干旱事件频繁发生；另一方面，由台风、强降雨引发的洪涝、地质灾害影响也不断加剧。研究显示，自 20 世纪 60 年代以来，相比中国南部地区，青海、西藏及中国北部地区经历了更多的极端气候事件（Yue et al.，2013）。IPCC 的报告表明，预计未来中国农业和生态干旱以及火灾天气将增加（IPCC，2022）。

1.2 气候变化对中国农业的影响

气温和降水等气候因子是构成农业生产的核心投入要素，这使得农业成为受气候变化影响最敏感和最脆弱的部门（Mendelsohn and Dinar，1999；Schlenker et al.，2007）。已有大量研究就气候变化对中国农业的影响进行了分析，不过研究结果莫衷一是。譬如，Liu 等（2004）和 Wang 等（2009）均采用李嘉图模型研究了气候变化对中国农业的作用，结果前者发现气候变化有益于提高农业收益，后者的研究则表明气候变化对农业收益有负面影响。即使是来自自然科学家开展的气候变化对中国农作物（主要是小麦、玉米和水稻）影响的研究，针对不同的研究区域和研究时间，其研究结果亦呈现较大差异，甚至得出完全相反的研究结论（Wang et al.，2014a）。

不仅如此，极端气候事件的发生也给中国粮食生产带来了巨大的潜在风险。更高频率的极端事件改变了粮食作物平均单产和年际波动，从源头上影响了粮食生产的可供性和稳定性（刘苇航等，2022）。由于中国的灌溉潜力有限，在气候变化背景下，干旱和洪涝可能导致那些缺乏灌溉条件区域的农业生产能力进一步降低（Wang et al.，2009）。可以预计，随着未来极端气候灾害发生频率不断增加，中国粮食生产与安全也将面临更大的挑战。

1.3 农业适应气候变化的重要性

不断增加的气候变化潜在影响规模迫切需要农业部门采取有效的适应措施（Howden et al.，2007）。在应对气候变化方面，目前主要可采取以下两类已取得广泛共识的措施（Paper，2007；IPCC，2014）：适应和减缓。虽然长期来讲，通过减排可以减少温室气体排放，但是短期来看，气候变化的趋势在一定程度上是难以逆转的（Nordhaus，1992，2007），适应是人类应对既定气候变化不利影响的重要选择（IPCC，2014）。因此，国际社会普遍呼吁，任何国家都应该将适应纳入国家计划与发展进程中（FAO，2009；World Bank，2010）。尤其对自然环境脆弱的发展中国家而言，积极采取广泛的适应措施以减缓气候变化的风险和冲击具有重要的现实意义（Mendelsohn et al.，2009；Lobell et al.，2008）。

近些年中国政府也将农业适应气候变化政策的制定与实施列入国家优先行动计划。自2007年以来，中国各级政府制定了一系列意在提高农业领域适应气候变化的政策法规。2007年国家颁布了应对气候变化的国家方案，相应地，中国各省区市也发布了地方应对气候变化的方案。此外，自2008年开始，中国政府每年发布国家应对气候变化的政策与行动的白皮书。在《中国应对气候变化国家方案》①与《中国应对气候变化科技专项行动》②中，尤其将农业、海岸带、生态系统等适应气候变化问题作为重点领域。2013年国家相关部门印发了《国家适应气候变化战略》③，将适应气候变化上升到国家发展战略层面，并重点阐述了农业领域的适应战略。2021年，农业农村部印发《"十四五"全国种植业发展规划》④，提倡因地制宜推进主动避灾。2022年生态环境部发布的《中国应对气候变化的政策与行动2022年度报告》⑤中，强调在农业领域控制非二氧化碳温室气体排放以及增加农田土壤碳汇等内容。

然而，由于气候变化对农业影响及适应问题的研究在国际上也仅仅是近二十多年的事情，对气候变化的影响和适应尚缺乏足够理解，从而在很大程度上限制了国家和地方制定切合实际的有效适应政策和规划。实际上，目前国家和省级政府出台的适应政策和计划基本上停留在宏观层面，对社区和农户等微观主体而言，

① 《我国发布〈中国应对气候变化国家方案〉》，http://www.gov.cn/gzdt/2007-06/04/content_635590.htm。

② 《关于发布〈中国应对气候变化科技专项行动〉的通知》，https://www.mee.gov.cn/gkml/hbb/gwy/200910/t20091030_180716.htm。

③《关于印发国家适应气候变化战略的通知》，http://www.gov.cn/zwgk/2013-12/09/content_2544880.htm。

④《农业农村部关于印发〈"十四五"全国种植业发展规划〉的通知》，http://www.moa.gov.cn/govpublic/ZZYGLS/202201/t20220113_6386808.htm。

⑤ 《生态环境部发布〈中国应对气候变化的政策与行动2022年度报告〉》，https://www.mee.gov.cn/ywdt/xwfb/202210/t20221027_998171.shtml。

政府适应政策在帮助他们应对气候变化方面尚缺乏针对性的指导和实践性。问题是，社区和农户是面对气候变化风险最为脆弱的群体，提高他们适应气候变化的能力应成为政策供给的最重要目标之一。因此，对适应机制的充分理解有助于制定切合实际的有效适应政策和规划，而这意味着需要就气候变化对具体农作物的影响和适应开展系统研究。

1.4 研究问题及主要内容

1.4.1 研究问题

中国是世界上最大的水稻生产国和消费国①，水稻是中国最重要的口粮作物。2021 年中国水稻总播种面积达到 2992 万公顷，占全国粮食作物总播种面积的 25.44%，水稻生产总量达到 2.13 亿吨，贡献了全国粮食生产总量的 31.2%②。因此，水稻生产的风险将在很大程度上影响中国乃至全球粮食的供给和消费。

中国水稻产量的增长主要依赖于单产的增加。1980 年以后，中国的水稻播种面积呈现明显的下降趋势，但同期水稻总产出和单产均呈现持续增加的趋势。然而水稻单产在经历 20 世纪 80 年代较快的增长之后，其增长率在 1990 年后出现了明显的下降趋势；近年来，我国水稻单产增长率变化较大，2020 年水稻单产增长率为-0.2%③，2021 年水稻单产增长率为 1.0%④。考虑到未来城镇化发展对非农化用地需求的增加，未来通过增加土地面积来提高水稻播种面积会存在困难，在此背景下进一步提高水稻单产面临巨大挑战。

同时，全球气候变化可能也会加剧水稻生产面临的风险和挑战。一方面，不同于其他作物，水稻生产过程中对水资源的消耗巨大，水资源的丰裕程度往往成为水稻生产的重要决定因素。然而，全球气候变化可能加剧农业水资源的不稳定性和供需矛盾，导致农业水资源时空分布状况发生变化，气温升高，蒸散量增加，大部分地区农业水资源减少（操信春等，2020）。即使在水资源相对丰富的中国南方水稻主产区，水资源对水稻生产的限制作用也非常明显（马欣等，2011）。全球气候模式（global climate models，GCMs）情景下，未来钱塘江流域水稻减产趋势

---

① 《水稻的发展史，你了解多少？》，https://www.cdstm.cn/gallery/media/mkjx/qcyjswx_6683/202011/t20201130_1038179.html。

② 《国家统计局关于 2021 年粮食产量数据的公告》，http://www.stats.gov.cn/xxgk/sjfb/zxfb2020/202112/t20211206_1825071.html。

③ 《国家统计局农村司司长李锁强解读粮食生产情况》，http://www.stats.gov.cn/xxgk/jd/sjjd2020/202012/t20201211_1808749.html。

④ 《国家统计局农村司副司长王明华解读粮食生产情况》，http://www.stats.gov.cn/xxgk/jd/sjjd2020/202112/t20211206_1825067.html。

明显，随着排放浓度升高，单产损失率有升高趋势。在不充分灌溉情景下，减产率会更高（孙军，2020）。另一方面，极端气候事件发生频率的增加趋势也可能进一步加剧水稻生产面临的风险。近年来，由极端气候事件（干旱和洪涝）造成的中国水稻减产数量表现出不断上升的趋势。

鉴于水稻在中国乃至全球食物生产中的特殊贡献及其面临的潜在风险，实证分析气候的长期变化和极端气候事件发生对中国水稻生产的影响和适应策略无疑显得异常迫切和重要。然而，尽管国际上已有诸多学者就气候变化对不同农作物的影响开展了实证定量研究，但是针对中国水稻，尤其是针对不同生长季水稻（早、中和晚稻）的实证研究并不多。已有气候变化对中国农作物影响的研究，基本上来自自然科学家基于作物模型开展的控制性生产试验或模拟分析，在研究结论上也存在广泛争议（Wang et al.，2014a）。对中国农业适应气候变化的实证研究尚处于起步阶段（Chen et al.，2014）。在气候变化适应研究方面，现有研究大多属于概念性的探讨或定性分析（陈风波等，2005；周曙东和朱红根，2010），基于微观调查数据实证定量分析适应措施的采用及其成效的研究较少。特别是，以不同生长季水稻（早、中和晚稻）为研究对象，对农户、社区和政府不同主体适应措施采用的实施效果的实证评估更是鲜有涉及。

面对中国水稻生产的重要性以及气候变化的潜在冲击，一系列问题迫切需要得到科学的回答：第一，气候的长期变化与极端气候事件的发生有何特征？进一步地，这些变化如何影响水稻单产？第二，稻区农户、社区和政府分别采取了哪些与适应气候变化相关的措施？这些措施在多大程度上是应对极端气候事件的？第三，影响农户适应措施采用的主要因素有哪些？第四，这些适应措施的采用对于抵御水稻生产中的气候变化风险而言是否发挥了作用？

1.4.2 主要内容

本书的总体目标是通过定量分析气候变化对水稻单产的影响、不同主体采取的适应措施、影响适应措施采用的主要决定因素及其成效，提升在气候变化对水稻生产影响和适应方面的认知，在此基础上，为国家农业适应气候变化政策的设计与适应规划的制定提供实证依据和科学对策。本书包括如下五个方面的具体内容。

第一，分析长期气候和极端气候事件发生的特征及变动趋势，以及这些变动与水稻生产的关系。在定量识别气候变化对水稻单产的影响之前，首先基于政府部门统计的水稻生产和气象观测数据对中国水稻生产的分布与产出特征进行描述性统计分析。本书第 4 章通过描述中国水稻生产的变化趋势以及长期气候变化和极端气候事件发生的特征及变动趋势，从总体上了解气候变化与水稻生产的关系，阐述中国水稻生产面临的潜在气候变化风险。

第二，实证定量分析气候的长期变化和极端气候事件对中国水稻单产的影响。定量识别气候（天气）变化对水稻单产的影响，不仅有助于了解气候的长短期变化特征，而且也为指导减缓措施和适应规划的制定提供重要基础。本书第 5 章主要基于农户水稻生产调查数据和国家气象站点观测数据，建立实证计量经济模型定量评估气候的长期变化和极端气候事件对不同生长季水稻单产的影响。

第三，识别水稻生产中与适应气候变化相关的具体措施。采取适应措施对于抵御气候变化对水稻生产的负面冲击非常重要，那么在水稻生产实践中到底有哪些具体应对策略？本书按照适应主体的不同，分门别类地对适应措施的采用情况进行详细考察。具体而言，本书第 6 章分别从农户、社区和政府层面总结与适应气候变化相关的工程和非工程措施，通过描述性统计分析初步探讨不同极端气候事件（干旱和洪涝）发生条件下的适应措施采用情况。

第四，分析农户的农田管理适应措施采用的决定因素。前一部分内容描述了不同主体采用的与适应气候变化相关的各类措施，但许多措施的采用可能并非受极端气候事件发生所驱动，许多其他因素也会影响适应主体的行为决策。因此，本书第 7 章建立计量经济模型，分析极端气候事件的发生对措施采用的影响，以识别针对极端气候事件发生所采用的适应措施。由于农田管理是农户生产中最为便捷的管理措施之一，而工程类措施往往牵涉到长期投入，其采用机理相对比较复杂，因此本书侧重于对农户农田管理措施采用的决定因素进行实证分析。具体而言，本书将着眼于两类农田管理措施的决定因素分析：水稻灌溉和补种（苗）。已有研究发现极端气候事件、政府政策支持、农户和社区资本、土地条件、水利基础设施条件等均会影响农户农田管理措施采用决策。本书会特别关注水利灌溉基础设施在影响农户农田管理措施（比如灌溉）上的作用。

第五，评估农户农田管理措施的实施效果。本书第 8 至第 9 章进一步评估主要适应措施的采用在抵御气候变化风险方面的效果。具体将分析如下两方面的问题：①识别哪些主要适应措施的采用有助于降低气候变化风险，直观而言，并非所有采取的措施均具有降低气候变化损失的作用；②实证定量估计适应措施采用对水稻单产的边际影响。

需要说明的一点是，由于调研的水稻生产省份涉及江西、广东、江苏、河南和云南，因此本书研究的水稻以籼稻为主。

1.5 本书结构

本书共分为 9 章。

第 1 章：导论。通过介绍本书的研究背景，引出要研究的问题，点明研究目标和研究内容，最后简述全书的结构。

第 2 章，国内外研究进展。主要对国内外相关研究进行了较为全面的回顾、总结和分析。

第 3 章，研究数据和方法。介绍本书的分析框架、所应用的研究方法和数据，并详细说明为实现每一个具体研究目标所采用的研究方法和数据。

第 4 章，气候变化与中国水稻生产。基于政府部门统计的水稻生产和气象观测数据对中国水稻生产的分布和产出特征进行描述性统计分析，了解长期的气候变化趋势和极端气候事件对水稻生产的影响。

第 5 章，气候变化对水稻单产的影响。基于农户水稻生产调查数据和气象站点观测数据，建立实证计量经济模型定量评估气候的长期变化和极端气候事件对水稻单产的影响。

第 6 章，水稻生产适应气候变化的应对措施。从农户、社区和地方政府层面分别总结整理适应气候变化的工程和非工程措施，通过描述性统计分析初步探讨不同极端气候事件（干旱和洪涝）发生与适应措施采用的关系。

第 7 章，农户农田管理类措施采用的决定因素。结合第 6 章对农户适应措施特点的描述，建立计量经济模型实证分析农户农田管理类措施采用的决定因素。着眼于对水稻灌溉和补种（苗）两类农田管理措施的考察，为后续农田管理类措施的效果评估奠定基础。

第 8 章，农田管理适应措施效果评估。建立计量经济模型实证定量分析水稻灌溉和补种（苗）措施对水稻单产的影响。

第 9 章，森林适应极端气候灾害效果评估。基于华南五省的实地调查，考虑了干旱的外源冲击，以确定水稻产区附近的天然林和人工林是否会降低干旱对水稻产量的不利影响。

第2章 国内外研究进展

气候变化已成为国际社会普遍关注的全球性环境问题，给社会经济发展带来了重大挑战。相应地，气候变化对农业影响和适应行为的研究正成为气候变化经济学前沿研究的重要领域。由于分析气候变化对农业和其他部门影响与适应的经济学研究是20世纪90年代起新兴的一项研究，因而无论在理论方法、模型设计、数据使用，还是在研究结果上，均存在较大争议。本章旨在对该领域相关的研究内容、结论争议和模型方法提供一个较为全面的梳理和归纳，并总结已有研究存在的不足。虽然已有研究（陈迎，2000；王军，2008）就气候变化经济学研究进行了总结与分析，但本章将着重梳理气候变化对农业影响和适应的相关研究。相比已有研究而言，本章特点主要体现在：第一，将研究对象聚焦于政策制定者和学术界均广泛关注的农业部门；第二，专门从气候变化对农业影响的实证研究方法视角，梳理和评析不同研究结论差异的原因，辨析不同计量经济模型应用的特点和优劣，从而增进对气候变化影响评估中实证研究方法适用性的理解。

接下来，本章首先评述气候变化对农业和水稻影响研究的特点与争议；其次对农业和水稻部门适应气候变化的理论与实证研究进行归纳和整理，在此基础上，系统梳理气候变化对农业影响和适应研究的理论模型及实证方法的演进；最后是小结。

2.1 气候变化对农业部门的影响研究

2.1.1 气候变化对农业的影响

目前在国际学术界，已有大量关于气候变化对农业影响的研究。一项调查研究显示，在有关气候变化影响的社会科学研究领域，有超过一半的研究（57%）关注气候对农业的影响，这种趋势在经济学研究中尤为明显。检索发现，关于气候变化影响研究的聚焦点多在对农业部门的影响分析（Burke et al.，2011）。定量识别气候（天气）变化对农业的经济影响，不仅有助于指导减缓措施和适应规划的制定（Sachs et al.，1999；Stage，2010），同时也为采用更复杂的模型研究作物种植选择、食品供应以及预测价格对气候变化的反应等众多经济问题提供了重要基础（Schlenker and Roberts，2009）。

在主要研究目标上，气候变化对农业影响的研究大致可归为两类：一是探索气候变化与农作物生长机理间的关系；二是估计气候变化对农业产出的经济影响（Adams，1999）。自然科学家主要探讨气温、降水、光照、辐射、土壤等一系列资源和环境要素对农作物产出的影响，其研究目的主要在于认识农作物不同生长阶段对不同环境资源要素的响应和机理，代表性研究包括 Adams（1989）、Adams 等（1990）、Stockle 等（2003）、Tao 等（2009）、Nesbitt 等（2016）。相比之下，经济学家倾向于采用不同的影响评估模型和计量经济学方法，就气候变化对农业部门经济影响开展预测和实证研究。特别是，气候变化适应问题被纳入其影响研究框架。其中，代表性研究包括 Mendelsohn 等（1994）、Kelly 等（2005）、Schlenker 等（2005，2006）、Deschênes 和 Greenstone（2007）、Schlenker 和 Roberts（2009）、Fisher 等（2012）、Burke 和 Emerick（2016）等。

与气候变化对农业影响研究相关的核心问题有两个。一是农户对气候变化的适应，是否考虑农户的适应行为将直接影响气候变化对农业影响的估计结果；二是气候变化指标的度量（包括对天气和气候概念的区分）。气候变化经济学研究强调对天气和气候概念加以区分的必要性。天气是指发生在某个特定时点的实现值，比如气温和降雨，由于自然的变化，天气波动表现出随机性特征。相反，气候则是一段时间内天气的长期模式和分布，可以用一段时间内天气的平均值来表征（Deschênes and Greenstone，2007；Burke et al.，2011；Deschênes and Kolstad，2011）。在时间尺度上，天气变化是短期波动，而气候变化属于长期变动，由于两者不同的表现特征，其产生的经济影响也是不同的。

围绕农户的适应性以及气候（天气）的时间尺度，上述学者开展了大量的理论和实证研究工作。表 2.1 总结了目前有代表性的气候变化对农业影响的经济学研究结果（第 8 列）。可以发现，气候变化对农业影响的结论莫衷一是，其影响结果随不同地区、数据和测度气候变量的方法而不同。比如，基于同样国家的气候变化影响研究却得出完全不一致的结论。以 Deschênes 和 Greenstone（2007）为代表的实证研究发现，气候变化对美国农业很可能没有什么影响，甚至会产生正面作用。然而，另外一些学者的研究结论却截然相反，他们基于美国同样的数据分析发现，气候变化会给美国农业带来巨大的潜在负面影响（Schlenker et al.，2006；Schlenker and Roberts，2009；Fisher et al.，2012）。在 2012 年 *The American Economic Review*（《美国经济评论》）出版的同一期，同时发表了 Fisher 等（2012）针对 Deschênes 和 Greenstone（2007）研究结论的批评性文章，以及 Deschênes 和 Greenstone 对此评论的进一步答复文章（Deschênes and Greenstone，2012）。两篇文章均就对方提出的争议性问题进行了重新检验和辩驳。在 Fisher 等的批评性文章中，他们详细说明和论证了 Deschênes 和 Greenstone 研究中存在的一系列潜在问题，并基于修正后的数据重新估计了气候对美国农业的影响，结果得到了与之相反的结论。

表 2.1　气候变化对农业影响的实证研究结果

编号	研究区域	农业产出变量	天气变量	气候（天气）度量方法	数据类型	其他变量	主要结论	文献
1	美国	农作物单产、农作物收益	气温、降水	高于和低于某一阈值的生长季积温和生长季总降水	县级面板	无	低于某一阈值的积温和降水对农业影响为正，极端高温对农业影响为负	Burke 和 Emerick（2016）
2	美国	农业利润、农作物单产	气温、降水	生长季积温和生长季总降水的水平值及二次方	县级面板	无	气候变化增加农业利润	Deschênes 和 Greenstone（2007）
3	美国	农作物单产	气温、降水	水平值和二次方	省级面板	无	气候变化对农作物单产有负面作用	Feng 等（2010）
4	美国	农作物单产	气温、降水	适度生长季积温和极端生长季积温	县级面板	无	适度生长季积温对农作物单产有正面作用，极端高温产生负面作用	Feng 等（2012）
5	印度	农作物单产	气温、降水	适度生长季积温和极端生长季积温及二次方、月度降水及二次方	地区面板	无	中期和长期气候变化对农作物单产影响均为负，长期负面影响程度更大	Guiteras（2007）
6	巴西	农业收入	降雨	平均月度降雨离差及二次方、年度降雨	市级面板	人口数量	降雨对农业收入有负面影响	Hidalgo 等（2010）
7	印度	农作物单产	降雨	序数变量（高于、低于某一阈值为 1 和–1，其他为 0）	地区面板	无	降雨对农作物单产影响为正	Jayachandran（2006）
8	美国	农业利润	气温、降水	一、四、七和十月的多年月度平均值、标准差及协方差；当年水平值	县级面板	价格、土地特征等	长期气候变化的影响不明显，当年气温升高影响为负	Kelly 等（2005）
9	印度尼西亚	水稻产量	降雨	离差（降雨对数值减降雨均值的对数值）	地区面板	无	降雨对水稻产量的影响为正	Levine 和 Yang（2006）
10	中国	单位土地农业净收益	气温、降水	平均值	县级面板	农业劳动力市场、距离	气温和降水对农业有正面影响	Liu 等（2004）
11	全球	农作物单产	气温、降水	气温和降水水平值及二次方、最高气温和最低气温	国家级面板	无	气候变化对玉米和小麦有负面影响，对水稻和大豆有正面影响	Lobell 等（2011）
12	美国	土地价值	气温、降水	一、四、七和十月的月度平均值	县级面板	无	在春季、夏季和冬季，气温的升高会降低土地价值，而降水的增加则会增加土地价值	Mendelsohn 等（1994）

续表

编号	研究区域	农业产出变量	天气变量	气候（天气）度量方法	数据类型	其他变量	主要结论	文献
13	非洲	农作物单产	气温、降水	气温和降水水平值及二次方、生长季积温和降水二次方	县级面板	无	气候变化对农业有负面作用	Schlenker 和 Lobell（2010）
14	美国	农作物单产	气温、降水	适宜生长季积温、极端高温、平均气温及二次方、总降水及二次方	县级面板	无	适度生长季积温对农作物单产有正面作用，极端高温产生负面作用	Schlenker 和 Roberts（2009）
15	美国	土地价值	气温、降水	适宜生长季积温、极端高温、平均气温及二次方、总降水及二次方	县级面板	人均收入、人口密度、土壤质量	适度生长季积温对农作物单产有正面作用，极端高温产生负面作用，降水有正面作用	Schlenker 等（2006）
16	中国	农作物净收益	气温、降水	春夏秋冬平均气温和降水及二次方	农户面板	土壤特征、家庭特征等	气候变化对雨养作物有负面影响，对灌溉作物有正面影响	Wang 等（2008）
17	亚洲	农作物单产	气温、降水、辐射	作物营养、生殖和成熟阶段的最低气温、最高气温、辐射、降水	农场级面板（试验田）	随时间变化的控制变量	最高气温对水稻单产影响为负，最低气温影响为正，辐射影响随生长阶段而不同	Welch 等（2010）
18	菲律宾	家庭收入	旱季降雨、湿季降雨	水平值及二次方	家庭级面板	家庭特征、工作特征	旱季降雨对家庭收入有正面影响，湿季降雨影响不明显	Yang 和 Choi（2007）

资料来源：作者根据 Dell 等（2014）补充整理

然而，无论研究结论如何，上述主流的气候变化对农业影响的经济学研究主要以美国的研究为主，以发展中国家为对象的气候变化影响研究相对较少（Guiteras，2007）。由于发展中国家的经济水平和农业生产条件更加脆弱，在全球气候变化背景下，发展中国家的农业生产将首当其冲受到气候风险的威胁。因此，评估气候变化对包括中国在内的发展中国家农业的影响对于保障食物安全而言显得更加重要。

2.1.2　气候变化对水稻作物的影响

国际上关于气候变化对水稻作物影响的研究主要以亚洲地区作为分析对象。不过，研究结果之间依然存在较大的差异。比如，Deng 等（2010）研究表明，厄尔尼诺事件对中国水稻几乎不会产生太大的影响，原因在于中国稻作区的灌溉比率比较高，农田的各种灌溉设施也比较完备，因而能够较好地抵御气候异常对水稻的影响。据此他们进一步推断，中国水稻生产对气候变化不是特别敏感。Wang等（2012b）采用2008年中国台湾农户数据实证估计了气候变化对水稻生产的影响。结果发现，在控制其他常规要素条件下，气温相比降水而言对水稻生产的影响更大。同时，这种影响会随着不同生长季的变化而变化。Felkner等（2012）基于对泰国农户水稻生产的跟踪调查数据分析，发现气候变化对水稻产出具有显著的影响。在他们的经济-作物模型中，仅仅考虑了农户为应对气候变化不利影响而采取的生产要素投入水平的调整措施。但遗憾的是，正如他们在文中指出的不足，更多反映农户长期和短期适应的措施（比如调整施肥或灌溉时间、改种其他品种等）并没有被考虑，因而模型结果可能高估气候变化对水稻的影响。另一项同样针对泰国的研究，在考虑水肥管理、调整播种日期以及采用耐高温杂交水稻品种条件下，模拟了不同气候情景对泰国水稻的长期影响（Babel et al.，2011）。结果发现，与1997～2006年基期相比，20世纪20年代、50年代和80年代的水稻单产分别降低了17.81%、27.59%和24.34%。Peng等（2004）对东南亚水稻的研究也发现，在全球气候变暖趋势下，最低气温的升高对旱季稻单产具有显著的负面影响，平均而言，最低气温每增加1℃，菲律宾水稻单产会减少约10%；但是最高气温变化对水稻影响不显著。考虑到水稻生产对水资源供给和气温的敏感性，Yu等（2013）发现气候变化可能对越南水稻生产带来明显的负面作用。

国内关于气候变化对农户水稻生产影响的实证研究显得相当稀少。有学者采用描述性分析方法，从区域布局、种植结构、农作物产量和品质以及设施农业等方面分析了气候变化对我国农业的可能影响，并提出了我国农业应对气候变化的适应性对策（肖风劲等，2006；王向辉和雷玲，2011）。在气候变化对水稻影响的定量研究方面，大部分研究也来源于自然学家基于作物模型对实验数据进行的模拟分析，通过设置不同的气候和生产管理情景识别不同气候对作物产出的影响（Lin et al.，2005；Xiong et al.，2007，2009a；Tao et al.，2008a，2009；Liu et al.，2012；Lu et al.，2017）。这些模拟研究具有如下共同特征：第一，集中于国家或地区尺度，缺乏对农户和社区尺度的研究；第二，所有研究均以国家统计局的二手统计数据为模拟基础，缺乏对农户层面实际调查的原始数据（孙芳等，2005；熊伟等，2005，2008）；第三，研究方向主要集中在物理影响方面，而与此相关的社会经济影响评估较少开展。据统计，国内仅有的数篇气候变化对中国水稻影响的实证研究来自王丹（2009）、周曙东和朱红根（2010）、崔静等（2011）、曾小艳和陶建平（2013）等，他们均基于中国地区（省、自治区、直辖市）水稻生产统计数据，采用生产函数模型估计了气候因子对水稻单产的影响。这些研究结果显示，整体而言，气温升高和降水增加对水稻生产具有负面作用，但在不同区域之间其影响程度存在差异。

即使是来自自然学家就气候变化对中国水稻的影响研究，其结果也存在较大争议。表 2.2 基于已有研究统计整理了气候变化对中国水稻单产影响研究的结果。不难发现，针对不同的研究区域和研究时间，气候变化影响研究结果呈现出较大的差异，甚至表现出完全相反的研究结论。比如，Tao 等（2008b）基于 1951～2002 年的历史统计数据分析发现，气候变化对水稻单产有正面影响；Liu 等（2012）基于中国四个样本区 1981～2009 年的水稻生产实验和气候数据，模拟分析显示，不考虑调整品种，全球气候变暖导致四个研究样本区水稻生长期缩短和单产降低。相反，徐斌等（1999）的研究则表明气候变化有利于提高水稻单产。

表 2.2　气候变化对中国水稻单产影响的研究（历史数据的统计分析）

研究区域	时间段	影响结果	文献
正面影响			
中国	1951～2002 年	气候变化→单产（↑）	Tao 等（2008b）
12 个省区（宁夏、黑龙江、辽宁、安徽、江苏、河南、浙江、福建、云南、广西、广东和湖北）	1981～2005 年	气温（↑）→单产（↑）	Zhang 等（2010b）
黑龙江、云南和广西	1980～2008 年	极端低温（↑）→单产（↑）	Zhang 等（2010b）
广西和宁夏	1980～2008 年	极端高温（↑）→单产（↑）	Zhang 和 Huang（2012）
宁夏、吉林、上海、黑龙江和辽宁	1950～2002 年	极端高温↑（1℃）→单产↑（3.1%～9.0%） 极端低温（↑）→单产（↑）	Tao 等（2008b）
7 个省市（天津、山东、河北、河南、山西、陕西和湖南）	1981～2005 年	降水（↑）→单产（↑）	Zhang 等（2010b）
中国	1990～1999 年	气候变化→单产（↑）	徐斌等（1999）
负面影响			
9 个省市（安徽、天津、山东、河南、陕西、山西、四川、江西和贵州）	1981～2000 年	气温（↑）→单产（↓）	Zhang 等（2010b）；Tao 等（2006）
22 个省区市（黑龙江、吉林、辽宁、河北、天津、山东、河南、山西、陕西、宁夏、江苏、安徽、湖北、四川、浙江、湖南、江西、贵州、福建、云南、广西和广东）	1981～2005 年 1981～2000 年	降水（↑）→单产（↓）	Zhang 等（2010b）；Tao 等（2008b）
贵州	1950～2002 年	极端高温↑（1℃）→单产↓（1.3%～5.8%） 极端低温（↑）→单产（↓）	Tao 等（2008b）
陕西	1980～2008 年	极端低温（↑）→单产（↓）	Zhang 和 Huang（2012）
河北、江西、四川和陕西	1980～2008 年	极端高温（↑）→单产（↓）	Zhang 和 Huang（2012）
4 个市县（黑龙江五常市、河南信阳市、江苏镇江市和四川汉源县）	1981～2009 年	极端高温（↑）→单产（↓）	Liu 等（2012）

资料来源：作者根据 Wang 等（2014a）整理

表 2.3 进一步比较了是否考虑 CO_2 肥效和气候变化对中国水稻单产影响预测结果的差异。不难发现，总体而言，大部分研究依然表明，无论是否考虑 CO_2 肥效，气候变化对水稻的影响大多为负面效应。不过相比而言，同样气候情景下，考虑 CO_2 肥效的气候变化负向影响结果要小于不考虑 CO_2 肥效的影响，甚至前者的影响趋向表现出正向趋势。另外还发现，不同气候情景下的影响结果也不一样。比如，考虑 CO_2 肥效时在 B2 情景下气候变化对水稻的不利影响要远远大于在 A2 情境下的影响。Lin 等（2005）和 Xiong 等（2009b）的研究表明，在 A2 情境下，考虑 CO_2 肥效时气候变化对水稻生产具有正面作用。

表 2.3 CO_2 肥效和气候变化对中国水稻单产影响的预测结果

研究区域	研究方法	是否考虑 CO_2 肥效	影响结果	文献
水稻主产区（哈尔滨、合肥、成都、南昌、长沙和广州）	作物模型 CERES	否	气温↑（1℃）→单产↓（6.1%～18.6%） 气温↑（1℃）→单产↓（13.5%～31.9%） 气温↑（1℃）→单产↓（23.6%～40.2%）	Tao 等（2008a）
		是	气温↑（1℃）→单产↓（−10.1%～3.3%） 气温↑（1℃）→单产↓（−16.1%～2.5%） 气温↑（1℃）→单产↓（−19.3%～0.18%）	Tao 等（2008a）
全国水稻主产区	作物模型 CERES	否	气温↑（≥2.5℃）→单产（↓）	Xiong 等（2007）
		是	在温度上升区间（0.9℃～3.9℃），对水稻单产不会造成负面影响	Xiong 等（2007）
全国灌溉水稻主产区	作物模型 CERES	否	A2：2010s：单产↓（8.9%） 2040s：单产↓（12.4%） 2070s：单产↓（16.8%） B2：2010s：单产↓（1.1%） 2040s：单产↓（4.3%） 2070s：单产↓（12.4%）	Lin 等（2005）
		是	A2：2010s：单产↑（3.8%） 2040s：单产↑（6.2%） 2070s：单产↑（7.8%） B2：2010s：单产↓（0.4%） 2040s：单产↓（1.2%） 2070s：单产↓（4.9%）	Lin 等（2005）
全国雨养水稻主产区	作物模型 CERES	否	A2：2010s：单产↓（12.9%） 2040s：单产↓（13.6%） 2070s：单产↓（28.6%） B2：2010s：单产↓（5.3%） 2040s：单产↓（8.5%） 2070s：单产↓（15.7%）	Lin 等（2005）
		是	A2：2010s：单产↑（2.1%） 2040s：单产↑（3.4%） 2070s：单产↑（4.3%） B2：2010s：单产↑（0.2%） 2040s：单产↓（0.9%） 2070s：单产↓（2.5%）	Lin 等（2005）

续表

研究区域	研究方法	是否考虑 CO_2 肥效	影响结果	文献
全国水稻主产区	作物模型 CERES	否	A2：单产（↑） B2：单产（↓）	Xiong 等（2009a）
		是	A2：单产（↑） B2：单产（↑）	Xiong 等（2009b）
全国水稻主产区	作物模型 CERES	否	B2：单产（↓）	Yao 等（2007）
		是	B2：单产（↑）	Yao 等（2007）

资料来源：作者根据 Wang 等（2014a）整理

注：CERES 全称 crop environment resource synthesis，是一种作物模型，表中 2010s、2040s、2070s 分别表示 2010～2019 年、2040～2049 年和 2070～2079 年

最后，表 2.3 还表明，气候变化对灌溉区和雨养区水稻具有不同的影响。结果显示，在 A2 气候情景下，无论是否考虑 CO_2 肥效，气候变化对雨养区水稻的负面作用都要高于对灌溉区水稻的负面作用。这点不难理解，由于灌溉区拥有较好的灌溉设施，因而灌溉区水稻生产对气候变化的敏感性会低于雨养区水稻生产。在气候条件适宜的条件下，灌溉区的水利基础设施优势可能无法体现出来，但一旦面对不利气候的冲击（比如干旱），灌溉区相比雨养区有更强的适应能力。这或许表明，农田基础设施在应对气候变化不利影响中可发挥重要作用。在后文中将会专门重点讨论灌溉在应对气候变化风险方面的作用。

2.2　农业适应气候变化研究

近年来，随着对气候变化的发生及其对社会经济系统潜在负面影响的认识不断深化，学者逐渐开展了气候变化适应的相关理论和实证研究。社会科学家关于气候变化的研究，也从早期对气候变化对农作物生产影响的关注，开始转向于实际或潜在农业适应气候变化的研究上（Bryant et al.，2000）。接下来，本节分别从适应措施的理论研究、微观农户适应的实证研究、适应措施的成效评估以及国内学者对气候变化的适应研究这四方面进行评述。

2.2.1　适应气候变化措施的类型

不少研究对目前国际上广泛采用的和潜在的应对气候变化的措施进行了探讨。已有大量可操作的适应性策略和措施被认为可以用来减少由气候变化导致的农业系统的脆弱性风险（Smit and Skinner，2002；Islam and Nursey-Bray，2017）。表 2.4 按照不同视角对适应措施进行分类。比如，从适应措施意图和目的分为自发适应和规划适应；按适应措施行动时间不同分为事前措施（预期性措施）和事后措

施（反应性措施）；按照适应措施持续时间分为适应战术（短期措施）和适应战略（长期措施）；按照适应措施尺度分为普遍措施（作物、地块、农户）和区域措施（区域、国家）；按照适应措施形式分为工程技术类措施（建筑性措施）和非工程技术类措施（技术性措施、制度性措施和立法性措施）。不同的类别可以有交叉。

表 2.4 农业适应气候变化措施分类

项目	适应分类	案例	评论
意图和目的	自发适应	增加灌溉、调整作物生产结构、调整播种收获日期等	适应主体多为私人部门和个体
	规划适应	政府用于适应气候变化的公共投资，比如修建水库、灌区	适应主体主要是公共政府部门，也有私人和个体
行动时间	预期性措施	购买保险、灾害预警机制、移民补贴激励	
	反应性措施	调整播种收获日期、调整生态多样性、移民、调整保险费、政策补偿等	
持续时间	适应战术（短期措施）	售卖牲畜、储备饲料、调整生产要素投入	在每一生长季期间采取的调整措施
	适应战略（长期措施）	调整土地利用、改变作物类型、购买保险	应对长期气候变化的适应措施
尺度	作物	调整化肥投入以及调整作物灌溉、播种、膜覆盖和耕种方式	农业适应气候变化措施类型可以表现在不同的空间尺度
	地块	调整作物结构、轮种、平整土地	
	农户	调整耕地面积、轮种、农畜转换	
	区域	气候预警系统、农业补贴和扶持项目	
	国家	农业补贴和扶持项目、适应规划	
实施主体	微观生产者（农户）	选择新品种、调整资源管理、购买农业保险、多样化生产	任何对适应措施的有效评估都需要系统地考察不同实施主体
	农业企业	生产和销售新品种	
	政府部门（公共机构）	对新品种研发的支持、适应激励机制（补贴政策）、水利基础设施投资	
形式（第一种分类）	行政	适应气候变化政策	在给定尺度和实施主体条件下，适应措施可以表现为不同的形式。不同的适应形式为理解农业适应提供了有用框架
	金融	农业保险	
	制度	建立气候预警机制	
	法律	适应气候变化法律	
	管理	土地利用规划	
	组织	农户田间学校培训	
	实践	增强灌溉	
	结构	调整土地利用结构	
	技术	节水技术	
形式（第二种分类）	工程技术类	打井、建水窖、修建水渠、更新水泵等排灌设施	IPCC（2007b）分类方法
	非工程技术类	作物多样化生产、调整播种或收获日期、调整土地数量	

资料来源：根据文献 Smit 和 Skinner（2002）、FAO（2007）、IPCC（2007b）整理

根据不同地域特点和农作物特征，存在各种不同的适应方案。结合 IPCC（2007b）、Smit 和 Skinner（2002）以及 FAO（2007）的讨论，理论上而言，适应性措施又可以根据不同类型进行分类（表 2.5）。

表 2.5　农业适应气候变化措施类型

<table>
<tr><th>适应类型</th><th colspan="2">适应措施案例</th><th>评论</th></tr>
<tr><td rowspan="4">适应技术发展</td><td>发展作物品种</td><td>发展耐寒、耐旱等适应气候变化的新作物品种类型，比如栽培品种和杂交品种</td><td>到 1998 年，加拿大已经发展出 119 个大豆新品种，其中 90%由私人部门研发。尽管发展作物新品种是一个较好的适应气候变化的策略，但是目前针对特定气候事件（干旱或洪涝）的作物品种的研发较少</td></tr>
<tr><td>天气和气候信息系统</td><td>气候预警信息系统</td><td>气候预警信息系统可以帮助农户个体做出适应决策</td></tr>
<tr><td rowspan="2">资源管理创新</td><td>在区域层面，进行水资源管理创新，包括修建或更新排灌系统、调水、水分流以及海水脱盐技术等</td><td rowspan="2">资源管理创新方面的实施主体主要为政府和农业企业，但是具体技术采用决策由农户决定</td></tr>
<tr><td>在农户层面，发展合成水系、测绘土地轮廓线、修建水库、开发补水区和备用耕作区等</td></tr>
<tr><td rowspan="7">政府适应项目与保险</td><td rowspan="4">农业补贴和扶持项目</td><td>完善农作物保险项目</td><td rowspan="4">这些政府适应项目将在很大程度上影响农户生产和其应对气候风险的管理策略</td></tr>
<tr><td>调整对农户“收入稳定项目”的投资</td></tr>
<tr><td>调整政府补贴、扶持和激励项目</td></tr>
<tr><td>完善政府临时补偿项目</td></tr>
<tr><td>私人保险</td><td>发展农业私人保险</td><td>政府农业保险项目是一种重要的适应气候变化的措施，不仅对于降低农户的气候风险具有潜在作用，也能影响参保农户其他适应措施的采用</td></tr>
<tr><td>资源管理项目</td><td>发展土地利用规划、土地利用许可、最优土地管理实践</td><td>政府资源管理项目的实施需要基于对已有经济制度的评估。这些政府项目代表大尺度上的适应策略，也能影响农户尺度的适应决策</td></tr>
<tr><td>适应能力建设（生产技术和管理培训）</td><td>农户田间学校项目，比如中国对农户施肥技术培训，加拿大对农户碳封存技术培训</td><td>实验研究表明培训能显著提高农户产出。目前处于示范阶段，尚未大规模推广</td></tr>
<tr><td rowspan="5">农户生产实践</td><td rowspan="3">农户生产调整</td><td>多样化作物品种和类型</td><td rowspan="2">农户最广泛采用的适应措施是调整作物类型和改变作物收割日期</td></tr>
<tr><td>多样化牲畜品种和类型</td></tr>
<tr><td>调整作物劳动力、化肥、种子、农药等生产要素投入</td><td>具有降低农业应对气候风险损失的潜力</td></tr>
<tr><td rowspan="2">调整土地利用方式</td><td>轮作或转换种植业与畜牧业</td><td></td></tr>
<tr><td>休耕</td><td>有利于干旱增多条件下的土壤湿度和营养的保护</td></tr>
</table>

续表

适应类型	适应措施案例		评论
农户生产实践	改变土地地形	调整土地轮廓和梯田建设、建设分水渠和小水库、建设蓄水和补水区	通过减弱水流和土壤侵蚀，从而降低农业生产的波动性和对气候的敏感性
	灌溉	引入中心轴旋转灌溉技术、休眠期灌溉、滴灌技术、自流灌溉技术、管灌和喷灌技术	在降水减少和干旱增加的气候变化背景下，新的灌溉技术可以增强土壤保水性
	调整生产时间	调整施肥和灌溉时间、调整播种和收获时间等	可以最大化该生长季的土地产出
农户金融管理	作物金融	购买作物保险	有助于降低参保农户的气候变化引致的土地损失风险
	作物股票和期货	投资作物股票和期货	可以分散气候变化导致的损失风险
	收入稳定项目	参加收入稳定项目	许多加拿大农户参加了国家或地区政府建立的收入稳定项目，比如牛奶补偿项目、农业灾害援助项目等
	家庭收入来源的多样化	非农就业	可以降低气候变化导致的收入损失风险

资料来源：根据文献 Smit 和 Skinner（2002）、FAO（2007）、IPCC（2007b）整理

2.2.2 微观农户适应气候变化研究

目前虽然许多学者对气候变化的影响评估及其应对措施做了大量研究，但基于微观层面、从农户角度考察其适应气候变化行为的研究并不多。表 2.6 总结了一项对 15 807 篇经过同行评审文章的梳理和统计，结果发现在所有统计的文献样本中，关于农户层面的适应性研究仅占 3%，更主要的关注点为家庭生产效率研究（21%）、土地生产研究（26%）以及排放和环境污染研究（27%）（van Wijk et al., 2012）。从微观视角而言，农户是适应气候变化措施采用的微观决策主体，准确了解农户对气候变化的感知及其适应气候变化的行为决策机理，对于政府科学制定提高农户适应能力的政策具有重要的参考意义。

表 2.6　农户层面具体研究领域的文献统计

研究主题	适应性	小农	家庭生产效率	土地生产	生物多样性	排放和环境污染	利润	总计
牲畜	62	139	220	610	127	353	222	1 733
渔业	12	33	31	102	25	50	39	292
农作物	145	191	1 214	1 243	409	891	428	4 521
土壤	127	147	831	900	504	1 277	298	4 084

续表

研究主题	适应性	小农	家庭生产效率	土地生产	生物多样性	排放和环境污染	利润	总计
水资源	115	163	813	983	505	1 403	333	4 315
生态系统	43	23	153	195	154	233	61	862
合计	504	696	3 262	4 033	1 724	4 207	1 381	15 807

资料来源：根据文献 van Wijk 等（2012）整理

国际上关于农户适应气候变化的研究，较具代表性的是一系列以非洲不同国家的农户调查数据为基础开展的实证研究（Seo et al.，2005；Maddison，2007；Nhemachena and Hassan，2007；Thomas et al.，2007；Seo and Mendelsohn，2008a，2008b；Bryan et al.，2009；Deressa et al.，2009；Gbetibouo，2009；Shumetie and Alemayehu，2018）。这些调查研究大多着眼于农户或社区层面具体适应措施的识别以及适应措施采用决定因素方面的探讨。研究发现，农业生产实践中农户采取了丰富的适应气候变化的措施，这些措施包括土壤保护技术、增加或减少节水技术采用等工程技术措施，以及非工程技术措施（如调整作物结构、调整播种日期、改变作物品种、增加或降低灌溉或地下水使用、调整生产要素投入等）。表 2.7 总结了目前农户层面广泛采用的农业适应气候变化措施。

表 2.7 农户实际采用的农业适应气候变化措施

措施类型	具体案例
非工程技术措施	改变作物品种（耐寒、耐高温等）
	调整作物结构
	作物多样化种植
	调整播种日期（提前或延迟）
	提前或延迟收割
	转移生产地点
	调整耕地面积
	从作物向畜牧业生产转移
	从畜牧业向作物生产转移
	从农业生产向非农就业转移
	从非农就业向农业生产转移
	增加或降低灌溉或地下水使用
	调整生产要素（劳动力、肥料、种子、农药等）投入
	购买农业保险
	培育本地品种

续表

措施类型	具体案例
工程技术措施	打井
	修建水窖
	修建排灌水渠
	购买或更新水泵
	增加或减少节水技术采用（比如滴灌和喷灌等）
	提供土地防护（比如种树）
	土壤保护技术（比如休耕、免耕、轮作、膜覆盖等）

资料来源：Bryan 等（2009）、Deressa 等（2009）、Gbetibouo（2009）

在影响农户适应措施采用的决定因素分析方面，研究表明，提供灾害预警信息、政策性贷款、农户的社会资本、人力资本（如年龄、教育水平和财富禀赋等），以及当地的社会经济和自然条件等方面的因素显著影响农户对适应措施的采用（Adger，2003；Nhemachena and Hassan，2007；Deressa et al.，2009；Tafesse et al.，2013；Guan et al.，2017）。比如，Nhemachena 和 Hassan（2007）、Thomas 等（2007）、Deressa 等（2009）分别就南非不同流域的农户对历史气候变化的感知和农户适应措施采用的决定因素进行了分析。与 Deressa 等的研究类似，Gbetibouo（2009）和 Maddison（2007）分别基于南非林波波河流域农户的调查数据及非洲 11 个国家大规模的农户调查数据，建立多元 Logit 模型和 Heckman probit 模型实证分析了农户采取不同适应措施的影响因素。与前述气候变化农户感知和适应措施决策分析不同，Seo 和 Mendelsohn（2006，2008a，2008b）研究了气候变化下南非农户的畜牧业管理（比如农户如何通过多样化养殖以应对气候变化）的决策特征及其影响因素。表 2.8 总结了基于微观农户调查数据分析适应气候变化措施采用的决定因素的主要研究结果。

表 2.8　适应气候变化措施采用的决定因素

编号	研究地区	适应气候变化措施	方法	正向决定因素	负向决定因素	文献来源
1	埃塞俄比亚尼罗河流域	种树、土壤保护、品种多样化、提前或推迟播种、灌溉	计量经济模型（Logit 估计）	户主教育、男性户主、家庭收入、农业生产技术推广、信贷可获得性、年际气温和降水	缺乏适应措施相关信息、信贷制约	Deressa 等（2009）
2	南非林波波河流域	改换品种、多样化种植、加强灌溉、调整播种日期、调整土地面积	计量经济模型（多项 Logit 估计）	务农时间、家庭财富、信贷、历史平均气温	非农就业	Gbetibouo（2009）
3	非洲国家	品种多样化、调整播种日期、非农业生产、加强灌溉、调整生产要素投入、节水技术采用、农业保险	Heckman 样本选择模型（Probit 估计）	教育、务农时间、农业生产技术推广、户主身份、农场规模、气温	雨水、市场距离、租赁土地	Maddison（2007）

续表

编号	研究地区	适应气候变化措施	方法	正向决定因素	负向决定因素	文献来源
4	南非	种植多样化、品种多样化、调整播种日期、增强灌溉、增加节水技术采用、非农业生产	计量经济模型（多项 Probit 估计）	农地规模、生产技术推广服务、务农时间、劳动力规模、农畜混合生产、女性户主、电费补贴、销售市场距离、信贷、平均年际气温、家庭资产	平均年际降水	Nhemachena 和 Hassan（2007）
5	非洲国家	从事养殖（牛和羊）生产	计量经济模型（Logit 估计）	夏季气温和降水、人口密度	冬季气温和降水	Seo 和 Mendelsohn（2006）
6	埃塞俄比亚和南非	品种多样化、种树、土壤保护、调整播种日期、灌溉	计量经济模型（Probit 估计）	家庭规模、土地规模、家庭资产、市场距离、信贷和土地的可获得性、洪涝灾害、与气候变化相关的信息供给服务和技术推广服务	缺乏信贷、缺乏土地和信息	Bryan 等（2009）
7	埃塞俄比亚	改换品种、水土保持措施采用和种树	内生转换模型	信贷可获得性、技术推广和信息服务	高质量土地	Di Falco 等（2011）
8	中国	修建机井、水窖、沟渠和更新水泵设备等工程类措施，以及调整生产要素投入、播种或收获日期、灌溉强度、作物种植结构和保险等非工程类措施	计量经济模型（Logit 估计和多项 Logit 估计）	灾害预警信息服务、政府抗灾政策、社会资本	到镇政府距离	Chen 等（2014）
9	非洲国家	农作物专业化生产、作物多样化、农畜混合生产	计量经济模型（Logit 估计）	技术推广、信贷可获得性、务农时间、电力可获得性、家庭规模	市场距离、男性户主	Nhemachena 和 Hassan（2007）
10	中国	修建池塘、水渠和安装水泵等工程类措施	计量经济模型（Probit 估计）	家庭资产、社会资本、政府抗旱技术服务、社区网格	人均耕地面积、社区支渠数量	Wang 等（2014b）

资料来源：作者整理

总体而言，基于非洲地区的实地微观调查研究证实，那些资源禀赋（人力资本、自然资本、社会资本和物质资本）相对匮乏的地区和人群，其适应气候变化的能力会更弱，从而面对气候变化风险显得更加脆弱（IPCC，2007b）。由于农业管理水平改善、农村水利基础设施修建和人力资本投资等因素有助于增强农村地区适应气候变化的能力，因此这些影响因素可以成为政府适应气候变化政策制定的优先选项（Di Falco et al.，2011；Yu et al.，2013）。

2.2.3 适应气候变化效果评估

已有研究考察了适应措施采用对具体农作物生产的影响。Li 等（1995）在考虑农户采取多种适应措施条件下——比如采用晚熟品种（使得作物能够充分利用更长的生长季光照）、提前播种时间，以及其他农田管理措施等——气候变化对美国农作物生产的影响。与此类似，Kaiser 等（1995）的气候变化影响研究考虑了农户改种晚熟品种、调整播种日期等田间管理措施。但是，Rosenzweig 等（1994）在对同样地区和作物的研究中，没有考虑农户的适应行为。上述研究结果为考察适应措施采用的效果提供了可比较的机会，对比结果见表 2.9。

表 2.9 气候变化对不同地区作物单产的影响

地区/作物	有适应措施（Kaiser et al.，1995；Li et al.，1995）				没有适应措施（Rosenzweig et al.，1994）			
	GISS	GFDL	UKMO	平均	GISS	GFDL	UKMO	平均
内布拉斯加州：								
旱作玉米	18	–22	19	5	–22	–17	–57	–32
旱作大豆	24	19	14	19	–12	–18	–31	–20
旱作冬小麦	11	–3	–4	1	–18	–36	–33	–29
艾奥瓦州：								
旱作玉米	22	–24	3	0	–21	–27	–42	–30
旱作大豆	15	17	–1	10	–7	–26	–76	–36
旱作冬小麦	0	–6	–5	–4	–4	–12	–15	–10

资料来源：根据 Schimmelpfennig 等（1996）整理

注：GISS 全称为 Goddard Institute for Space Studies，戈达德空间研究所；GFDL 全称为 Geophysical Fluid Dynamics Laboratory，地球物理流体动力学实验室；UKMO 全称为 United Kingdom Mateorological Office，英国气象局

表 2.9 的统计结果表明，农户的适应措施在抵御气候变化方面可能发挥了作用。可以发现，对于同样的地区和作物，基于完全相同的气候预测模型，是否考虑农户适应行为会显著影响气候变化对作物单产的影响结果。Rosenzweig 等（1994）没有考虑适应估计的气候变化影响基本上都高于 Kaiser 等（1995）与 Li 等（1995）考虑适应后的估计结果。Kaiser 等（1995）的研究结果表明，考虑适应后的气候变化对主要农作物的影响并没有那么大，不同模型结果均显示气候变化的负面影响很小，有些还具有正向促进作用。正如 Rosenzweig 等（1994）在研究中承认的，如果考虑气候变化适应，他们估计的气候变化对单产的负面影响结果可能会小得多。

Schimmelpfennig 等（1996）综合讨论了有适应行为和没有适应行为两种情况下结果差异的原因。给定农户对未来气候变化的预期，他们会通过各种生产管理决策以最大化其农业收益。比如，改种晚熟品种、调整播种日期等农田管理措施有利于延长作物生长季。在气温更高的地区，犁地能够延长作物在地底下的空间，从而在一定程度上降低高温对作物的负面影响（Kaiser et al.，1995）。此外，保护性耕作也是一种重要的农田管理措施，在干燥地区有助于保存土壤水分（Schimmelpfennig et al.，1996）。

对单一作物单产影响分析的不足在于，无法考虑不同作物之间的调整，比如农户混种多种作物本身也是一种规避风险的措施。此外，上述比较结果均没有考虑 CO_2 肥效，虽然该效应对作物单产影响幅度并不确定，但考虑 CO_2 肥效可能会进一步强化影响结果（表 2.3），即气候变化对作物的负面影响会更小。因此，对适应效果的考察也可以从农户土地收益的视角进行（Antle et al.，2004）。

表 2.10 报告了 Antle 等（2004）对不同气候和 CO_2 肥效情景下的农业生产净收益研究结果。模拟研究结果显示，在不同气候和 CO_2 肥效情景下，相比没有适应行为的情景而言，采取适应措施后的农业产出回报要远远高于没有适应行为下的农业回报。Antle 等（2004）模拟研究中考虑的适应措施仍然是调整土地利用结构（改种其他作物、轮作）和农田管理（化肥、农药和机械）。

表 2.10　不同气候和 CO_2 肥效情景下的农业生产净收益（单位：美元）

不同气候和 CO_2 肥效情景	基准	适应	没有适应
Sub-MLRA 52-high			
CC	111.68	61.24	45.14
CO_2	111.68	184.44	157.56
CC + CO_2	111.68	102.19	81.29
Sub-MLRA 52-low			
CC	101.88	57.63	43.51
CO_2	101.88	163.62	139.72
CC + CO_2	101.88	93.61	75.08
Sub-MLRA 53A-high			
CC	61.73	43.17	29.98
CO_2	61.73	100.42	90.32
CC + CO_2	61.73	67.39	57.10
Sub-MLRA 53A-low			
CC	71.29	48.62	36.08
CO_2	71.29	120.33	101.64

续表

不同气候和 CO_2 肥效情景	基准	适应	没有适应
CC + CO_2	71.29	82.09	67.75
Sub-MLRA 54-high			
CC	69.34	51.84	35.68
CO_2	69.34	110.52	97.41
CC + CO_2	69.34	81.78	69.83
Sub-MLRA 54-low			
CC	58.32	40.93	26.13
CO_2	58.32	90.69	79.80
CC + CO_2	58.32	59.81	50.09
Sub-MLRA 58A-high			
CC	66.24	48.85	30.33
CO_2	66.24	107.96	90.69
CC + CO_2	66.24	74.02	59.96
Sub-MLRA 58A-low			
CC	59.92	42.66	22.02
CO_2	59.92	96.19	83.41
CC + CO_2	59.92	57.38	43.16

资料来源：Antle 等（2004）

注：MLRA 全称为 main land resource areas，代表美国的主要土地资源区；CC 代表一氧化碳，CO_2 代表二氧化碳

实际上，自然科学家开展的就气候变化和农田管理对不同地区农作物单产影响的研究非常丰富。一些研究专门分析了调整作物品种和播种日期对农作物产量的影响（Winter and Musick，1993；Egli and Bruening，2000；Kantolic et al.，2007；Zhang et al.，2010a）。比如，农户会通过调整播种日期以避开异常气候的影响。另外一些研究同时分析了气候变化、作物品种和农田管理的生产效应（Sadras and Monzon，2006；Monzon et al.，2007；Luo et al.，2009；Tao and Zhang，2010；Xiao and Tao，2014）。还有研究分析了轮作、推迟播种、灌溉、农业保险等措施对作物生产的影响（Nendel et al.，2014；Hochrainer et al.，2010；Liu et al.，2012）。比如，Babel 等（2011）基于 CERES-Rice 的作物模型估计了不同气候情景对泰国水稻的长期影响。结果发现，通过合理的水肥管理、改变播种日期以及采用耐高温杂交水稻品种能够显著减缓未来气候变化对水稻的负面影响。Lashkari 等（2012）基于不同的气候和生产情景，采用作物模型模拟分析了延迟玉米播种时间的效果。结果发现，调整播种日期有利于降低气候变化对伊朗北部玉米生产的影

响。所有这些研究的结论基本一致认为，改善作物品种和调整播种收获日期等适应性农田管理措施，有助于减缓不断升高的气温对农作物生产的负面影响，并提高作物单产。同时，不同的适应措施会因地区、作物类型、气候等因素的不同而表现出不一样的效果（Howden et al.，2007）。

但是，上述研究基本上来自自然科学家基于作物模型的模拟和实验研究，尚缺乏对农户实际生产中适应措施采用效果的实证检验。不仅如此，有研究发现作物模型的模拟实验研究结果存在误差。比如，Zhang 和 Huang（2012）基于小麦作物模型（agricultural production systems simulator，APSIM）分析播种日期、作物品种和种植密度对单产影响的评估发现，对不同播种期和品种设定下的模拟误差非常大，并强调采用作物模型模拟不同播种期和种植密度等管理措施对作物生长和单产影响时要谨慎。对非洲和亚洲等发展中国家农户采用适应气候变化措施的实证研究显示，适应能够帮助农户抵御气候变化风险和降低潜在的灾害损失（Mendelsohn，2000；Yesuf et al.，2008；Di Falco et al.，2011；陈风波等，2005）。比如，Di Falco 等（2011）利用内生转化模型分析了采取适应气候变化措施农户的作物单产和没采取措施农户的单产。研究发现，在给定其他条件下，采取适应措施能够显著提高作物产出。进一步的研究发现，过多的降雨会对那些没有采取适应措施的农户生产带来负面影响，而对采取了适应气候变化措施的农户生产影响不大。该结果意味着，适应行动可能使得采取了适应措施的农户农业生产在雨季中更具弹性。Yesuf 等（2008）的研究结果也显示，农户适应措施的采用能够显著降低气候变化对作物单产的负面影响。具体来说，采取适应措施的农户粮食产量比那些没有采取措施农户的粮食产量每公顷多 95～300 公斤，二者差异达到了 10%～29%。

不仅如此，社区和地区层次的应对气候变化政策与措施，比如农田水利基础设施建设和气候预测预警系统等公共服务，在帮助农户抵御气候变化影响方面也发挥了作用（Kim and McCarl，2005；陈煌等，2012）。Kim 和 McCarl（2005）的研究证实了气候预警和预报系统在气候变化风险管理上所发挥的效果。实证研究显示，对厄尔尼诺和北大西洋涛动现象的监测及预报有助于降低美国农作物生产面临的气候变化风险。陈煌等（2012）对中国七省的实证调查研究发现，新建水库、水坝、机井和排灌沟渠等水利设施，能够在长期尺度上降低气候变化对农作物的负面影响。总体而言，水稻生产对气候变化的适应研究比较少。Yu 等（2013）比较详细地考察了越南水稻生产中农户应对气候变化的适应措施。研究发现，农户主要通过调整生产要素投入应对气候变化的冲击。研究进一步强调，对农村水利基础设施和人力资本的投资将有助于提高农户适应气候变化的能力。

灌溉是农业生产中适应气候变化的重要措施之一（Negri et al.，2005；Kirby and Mainuddin，2009），然而，学术界对灌溉与农业生产的关系依然莫衷一是。比较符合直观的结论是，灌溉有助于增加农业产出。比如，采用中国的农户调查数据，Huang 等（2006）发现灌溉显著影响水稻收益：相比于没有灌溉而言，灌溉使得水稻收益提高了 115.6%。Holst 等（2013）基于中国省级面板数据的实证分析也发现，灌溉能够显著提高中国北方和南方地区的粮食单产。其他国家的研究提供了类似的证据。比如，Yu 等（2013）基于对越南的实证研究发现，单位灌溉投入对水稻单产的边际作用约为 0.05。Foudi 和 Erdlenbruch（2012）着重分析了灌溉在法国农户农业生产中应对旱灾风险的作用，研究结果发现灌溉的农户比非灌溉农户拥有更高的平均收益和更低的收益方差。Peterson 和 Ding（2005）基于 Just-Pope 随机生产函数的估计结果，发现灌溉对美国高原玉米的平均单产具有显著正面作用。

然而，不乏一些让人感到意外的结论。比如，Hu 等（2000）的研究发现，在 1981～1995 年，灌溉对中国水稻全要素生产率的提高没有明显作用。Jin 等（2002）将类似的研究范围拓展至其他主要农作物，依然没有发现灌溉与主要粮食作物（水稻、玉米和小麦）全要素生产率之间的明确关系。Zhu（2004）发现灌溉对中国 1979～1997 年的小麦和玉米单产没有任何影响。基于中国四个样本区 1981～2009 年的水稻生产实验和气候数据的模拟分析，Liu 等（2012）并未发现灌溉对水稻单产具有显著促进作用。另一项来自对印度的研究同样表明，灌溉对印度农业生产的全要素生产率没有显著影响（Rosegrant and Evenson，1992）。

解决这些争议因气候变化的复杂性而变得更加具有挑战性。毫无疑问，在气候变化背景下，从适应气候变化的视角对灌溉效应的重新审视和检验，将有助于增进对气候变化适应机制的理解。

2.2.4 国内学者对气候变化的适应研究

尽管对气候变化的适应研究也引起了中国部分学者的关注，但由于起步较晚，大多是在追踪国际前沿的基础上发展形成的（潘家华和郑艳，2010；陈俐静等，2017）。如前所述，国内自然科学家广泛开展了作物产量变化归因研究（代表性研究如 Tao and Zhang，2010；Liu et al.，2012；Wang et al.，2012c；Xiao and Tao，2014）。这些研究分析气候、品种和农田管理等因素对作物单产的影响，无疑有助于帮助理解气候变化的影响以及适应的作用。但是，这些研究大部分基于统计数据或田间实验数据，采用作物模型进行模拟分析，基于农户实地调查的实证定量分析非常少。本书正是希望借助一手调查数据，采用计量经济模型分析农户、社区和地方政府的适应气候变化策略，以作为对自然科学家研究的补充和拓展。此外，相关的适应研究成果也不是很丰富，从而难以有效支持国家适应气候变化的政策设计与实施。国内部分学者主要关注农户在应对气候变化及风险中可能做出的一些在灌溉、作物种植制度和作物品种选择等方面的适应性反应。例如，Wang 等（2010）研究发现，采用作物新品种、改变作物播种日期和采用保护性耕作技术等是农户应对气候变化做出的适应性反应。此外，农户往往倾向于选择适应能力更强、功能多、高产和经济回报高的作物及其品种来应对干旱等极端气候事件风险导致的水资源缺乏（王金霞等，2008）。

从方法上来看，国内学者运用定性方法探讨自上而下适应策略的居多，基于大规模实地调研自下而上的实证定量研究较少。即使开展了少量的实证研究，也主要是探讨农户在应对气候风险中做出了何种适应性反应；在定量分析影响社区和农户适应措施采用的决定因素及各种适应和应对措施效果等方面的实证研究远远不够。比如，张树杰和王汉中（2012）分析了气候变化对中国油菜生态环境和油菜生产的影响，并提出了整合育种和栽培措施的应对策略。谢立勇等（2009）分析了近 50 年来东北地区气候变化的主要表现及其对农业生产的影响，针对气候变化过程中人类活动对土地利用和温室气体的影响，提出了东北地区适应和减缓气候变化的策略与措施。Wang 等（2010）运用计量经济学模型的方法，得出农户会在不同气候条件下做出调整作物种植结构的反应；如果降水量增加，农户就会降低灌溉选择的概率。侯麟科（2012）基于中国七省区大样本农户抽样调查数据，实证分析了气候变化对农户小麦、水稻和玉米作物生产的影响以及农户对气候变化的认知和适应行为。

相比之下，国内对农牧区农牧民适应气候变化的实证和案例研究较多。李平等（2012）以内蒙古鄂尔多斯市杭锦旗为例，利用 1960～2009 年的气象数据及牧户家庭调查问卷，研究当地气候变化情况和牧户家庭对气候变化及其影响的感知与应对策略。结果发现，牧户主要通过圈养、适量购买饲料和处理家畜等措施应对干旱和沙尘暴等极端气候事件。汪韬等（2012）通过在内蒙古克什克腾旗牧区的案例研究，采用参与式观察、半结构式访谈、问卷调查以及多相关利益方调查相结合的方法，描述了牧民对于气候变化的感知并分析其应对气候变化的行为。研究结果表明，对于干旱加剧导致的地表水减少和天然牧草产草量下降，牧民采取的应对措施包括转移牲畜、加强资源使用的排他性和从外界购买饲草料。摆万奇等（2012）以黄河源地区达日县为案例，基于牧户调查和气象资料，分析了气候变暖背景下的草地退化过程和藏族游牧民的响应与适应行为。结果发现，气候变化对藏族游牧民的影响主要是通过草地变化实现的，牧民的响应与适应行为更多的是针对气候变化导致的草地退化后果，而不是气候变化本身。为应对草地退化后果，牧民通过提前转场放牧、建造围栏、调整畜群数量和结构等生产措施加以缓解；经过适应性改造的藏族游牧业成为黄河源地区重要的气候变化适应模式。

国内一些研究对农户适应气候变化措施采用及其适应能力的决定因素也进行了探讨。例如，朱红根和周曙东（2011）利用江西省 36 县 346 个农户调查数据，运用 Heckman probit 选择模型实证分析了影响农户气候变化感知及其适应行为决策的因素。结果表明，户主年龄、文化程度、与村民交流频率、来往亲戚数、赶集频率、看电视频率、距离市场远近及气象信息服务等因素能显著影响农户对气候变化的感知；而户主性别、年龄、文化程度、可借款人数、来往亲戚数、赶集频率、看电视频率及气象信息服务等因素对农户气候变化适应行为决策有显著影响。类似的研究来自丁勇等（2011）对内蒙古半农半牧区农户气候变化感知与应对的研究，以及居煇等（2011）对宁夏气候变化适应行动的案例分析。

作者所在的课题组近来也开展了大量的关于中国农业适应气候变化的调查和实证研究（Chen et al.，2014；Wang et al.，2012c，2014a，2014b；陈煌等，2012；Huang et al.，2015；Wang et al.，2018）。与前述基于非洲调查的实证研究不同，基于中国的调查分别对农户、社区和政府三个不同利益主体的农业生产行为进行了调查和研究，以更全面地识别不同层次和不同类型应对气候变化的措施与政策。更重要的是，在识别农业生产适应气候变化措施的基础上，研究进一步考察了极端气候事件（洪涝和干旱）对农业生产的影响，以及适应措施在抵御气候变化风险上的效果。研究结果显示，政府抗旱政策、旱灾预警信息、农户和社区资本是决定农户是否采取适应措施的重要因素。此外，与预期一致，极端气候事件的发生也能显著影响农户的适应决策。从政策供给角度讲，合理的适应气候变化政策有助于促进农户采取有效适应气候变化的行动。

然而，国内专门针对水稻生产的适应气候变化策略的实证研究较少。就目前所知，陈风波等（2005）开展的研究是仅有的一项专门分析中国南方稻农的干旱风险及其适应策略的研究。他们基于对湖北、广西和浙江的农户调查数据，详细分析了稻农应对干旱风险的多样化和弹性化策略，这些策略包括调整插秧时间、育秧方式、作物种植结构和生产投入等。周曙东和朱红根（2010）则根据气候变化对中国水稻影响的统计和模拟研究结果，提出了水稻生产应对气候变化风险的适应策略，包括气象预警预报系统的完善、农田水利设施建设、水稻生产布局调整、水稻新品种培育以及水肥管理等。

上述两项针对水稻的研究至少在以下三个方面值得进一步改进：一是并没有系统研究气候变化对水稻生产的影响和适应对策，特别是对农户、社区和政府多个层次的适应策略缺乏具体了解；二是对极端气候事件（如干旱）这一关键灾害变量的设计和讨论略显不足；三是对适应策略的分析主要停留在定性层面，针对具体适应措施抵御气候变化的作用尚缺乏实证定量评估。

2.3　气候变化对农业影响研究方法

2.3.1　研究方法分类

从研究方法来看，目前分析气候变化对农业影响的方法主要分为自然科学家采用的作物模型（也称作物机理模型）和经济学家采用的计量经济模型两大类。由自然科学家开展的气候变化对农业影响的研究，主要是基于作物生长理论和控制性生产实验与模拟，探索气候变化对作物生长的直接影响（Adams，1989；Adams et al.，1990；Stockle et al.，2003）。作物模型的优势在于，它能够较为完全地考虑作物的整个生长过程，通过控制性试验研究不同气候要素变化对作物不同生长期生产的影响（Stockle et al.，2003；Lobell et al.，2013）。但作物模型的缺点在于：第一，由于作物本身生长过程的复杂性和动态性，大量参数需要被假定，这可能导致作物模型的结果很受模型参数设定偏差的影响（Iizumi et al.，2009；Lobell and Burke，2010）；第二，传统作物模型的实验或模拟研究并没有考虑农户对气候变化的适应行为（Mendelsohn et al.，1994；Mendelsohn and Dinar，1999），从而高估气候变化对农业的负面影响（Mendelsohn et al.，1994）。

与自然科学家采用控制性实验或模拟方法不同，经济学家更倾向于采用历史统计观察数据，利用计量经济模型估计方法，估计和预测气候变化对农业的影响（Wang et al.，2012a）。气候变化对农业影响的实证研究开展的时间虽然不长，但已经取得了一系列令人鼓舞的研究成果，从而大大深化和拓展了传统自然科学家开展的影响评估工作。基于作物模型研究气候变化对作物生长的影响研究已有较为广泛而深入的理解（史文娇等，2012），还有一类作物经济模型（agro-economic model），本质上也属于作物模型，通过将作物模型预测结果与经济模型结合，估计气候的总体影响。更多关于作物模型的代表性研究可参阅 Adams（1989）、Adams 等（1990）、Adams 等（2003）、Kaiser 等（1993）、Rosenzweig 和 Parry（1994）、Xiong 等（2009a）、Tao 等（2012）等。与作物模型相比，计量经济模型的优点在于：第一，能够控制农户适应性行为和其他要素变化对农业生产的影响；第二，通过重复抽样及其他计量估计技术，在作物模型中难以解决的不确定性问题，能够在统计模型的估计中被潜在地加以控制（Lobell et al.，2006）。但计量经济模型也存在不足之处，由于实际生产中影响农业生产的因素较多，选取不同的变量进入计量经济模型以及采用不同的模型形式，都会对估计结果产生较大影响。表 2.11 总结了不同气候变化影响研究模型的特征和优缺点。

表 2.11　作物机理模型、作物生产函数模型和计量经济模型的特征

研究方法	功能和应用	优势	缺点	应用	代表文献
作物机理模型	用数学公式描述作物生态、物理和化学过程，预测作物对各种因素（比如气候、土壤和管理）的响应	能够考虑作物的整个生长过程，有助于理解气候影响的具体过程	大量参数需要设定；无法考虑农户适应	得到农学家的广泛应用和发展	Xiong 等（2009a）；Kim 等（2013）
作物生产函数模型（由作物机理模型演化而来）	基于实验或统计数据模拟作物产出与各种因素（比如气候、土壤和管理）的统计关系	有助于理解气候变化影响的具体过程	无法考虑农户适应	一般将生产函数模型与作物模型结合	Felkner 等（2012）；Wang 等（2012a）
计量经济模型（供给反应模型）	基于历史观察数据实证检验气候、土壤自然条件等要素对作物产出的影响	将常规投入要素内生化，避免了内生性问题；考虑了农户的适应行为	仅关注外生变量的最终影响，无法识别气候变化的具体影响	被经济学家广泛应用	Mendelsohn 等（1994）；Schlenker 和 Roberts（2009）

资料来源：作者结合 Lglesias 等（2009）统计整理

早期关于气候变化对农业的影响主要来自自然科学家的研究，经济学家自 20 世纪 90 年代起对该问题也开始展开了大量研究，但在研究方法和结论上存在较大差异。例如，以 Deschênes 和 Greenstone（2007，2012）为代表的实证研究发现，气候变化对美国农业很可能没有什么影响，甚至会产生一定的正面作用。然而，另外一些学者的研究结论却截然相反，他们基于与 Deschênes 和 Greenstone（2007）同样的数据分析发现，气候变化会给美国农业带来巨大的潜在负面影响（Schlenker et al.，2006；Schlenker and Roberts，2009；Fisher et al.，2012）。基于中国的实证研究也发现，关于气候变化对中国农业影响的研究结论也莫衷一是。譬如，Liu 等（2004）和 Wang 等（2009）均采用李嘉图模型研究了气候变化对中国农业的作用，结果前者发现气候变化有益于提高农地收益，后者的研究则表明气候变化对农地收益有负面影响。

为什么上述研究结果会存在如此大的差异？Fisher 等（2012）认为，计量经济模型形式、数据以及采用不同变量等众多因素均可能导致研究结论的不一致。尽管气候模型的不确定性也是研究结论差异的重要原因之一，但由于该问题不属于经济学研究的范畴，本书未展开讨论。Burke 等（2011）和 Auffhammer 等（2013）详细分析了气候模型的不确定性如何影响经济预测结果。Burke 等（2011）也表明实证研究方法和视角的差异往往是导致结论出现争议的重要原因。接下来本章将分别讨论不同实证研究的发展及特点。

2.3.2　气候变化对农业影响的基本理论模型

传统生产函数是理解气候与农业之间物理关系的重要工具，气候变化对农业

影响的经济学分析也都是以最基本的生产函数为基础，推导和扩展出各种其他函数形式。不同函数形式所包含的经济含义，将为理解实证计量经济模型提供基本思路。

一个基本的生产函数如下：

$$Y_{j,s,k,t}=y(X_{j,s,k,t},Z_{j,s,t}) \tag{2.1}$$

其中，s 和 j 分别表示省和县；$Y_{j,s,k,t}$ 表示农户在第 t 年种植作物 k 的实际单产，$k=1,\cdots,N_k$，表示农户可以种植 N_k 种潜在的农作物；$X_{j,s,k,t}$ 表示生产作物 k 的各种常规生产要素投入向量，包括种子、农药、化肥、灌溉用水等；$Z_{j,s,t}$ 表示一系列环境要素，比如温度、降雨、光照、辐射、风速等。由于本章重点讨论气候要素，因此这里假定 $Z_{j,s,t}$ 仅代表温度和降雨等气候指标向量。

为进一步刻画和理解气候（天气）的影响，遵循 Choi 和 Helmberger（1993）与 Kelly 等（2005）的研究，可以将农户对作物 k 的生产决策划分为两个阶段：实际天气发生之前（事前）和实际天气发生之后（事后）。农户的要素需求（$X_{j,s,k,t}$）属于事前发生，产品的供给（$Y_{j,s,k,t}$）则属于事后发生。

假定农户作为价格接受者（price-taking）追求农业生产的利润最大化。前述式（2.1）给出了农作物生产的投入产出关系，那么第 j 个县在第 t 年生产作物 k 的利润函数可以表示为如下等式：

$$\pi_{j,s,k,t}=P_{k,t}\cdot Y_{j,s,k,t}-\omega_{k,t}\cdot X_{j,s,k,t} \tag{2.2}$$

其中，$\omega_{k,t}$ 表示生产作物 k 的各种可变投入要素的价格向量；$P_{k,t}$ 表示作物 k 的产品价格。这里假设所有地区的产品和要素价格是相同的，但是不同作物和年份的价格不同。

农户通过调整要素投入以实现预期（事前）利润最大化：

$$\begin{aligned}\underset{x}{\mathrm{Max}}E(\pi_{j,s,k,t})&=E[P_{k,t}\cdot y(X_{j,s,k,t},Z_{j,s,t})-\omega_{k,t}\cdot X_{j,s,k,t}]\\&=\underset{x}{\mathrm{Max}}\int_z\{P_{k,t}\cdot y(X_{j,s,k,t},Z_{j,s,t})-\omega_{k,t}\cdot X_{j,s,k,t}\}\varphi(Z_{j,s,t})\mathrm{d}Z_{j,s,t}\end{aligned} \tag{2.3}$$

进一步假定在实际生产决策时，产品价格 $P_{k,t}$ 和要素价格 $\omega_{k,t}$ 均是外生确定的（该假设仅为方便讨论气候要素，也可以一般化假定产品价格未知，那么类似于对天气的处理，得到的要素需求函数表达式中，要素投入将是价格分布的一个函数）。式（2.3）中唯一隐含的随机变量是 $Z_{j,s,t}$，即天气具有不确定性，$\varphi(Z_{j,s,t})$ 表示天气因素的概率分布函数。同时假定生产函数是严格凹函数，对利润函数（2.3）最优化求解，可以得到事前的要素需求函数：

$$X_{j,s,k,t}=x[P_{k,t},\omega_{k,t},\varphi(Z_{j,s,t})] \tag{2.4}$$

式（2.4）给出了要素需求函数的一般形式，它表明农户对实际要素投入量的选择除了依赖于已知的价格要素外，还依赖于预期的天气（分布）条件。

结合式（2.1）和式（2.4），得到作物的实际（事后）供给反应函数：

$$Y_{j,s,k,t} = y[P_{k,t}, \omega_{k,t}, \varphi(Z_{j,s,t}), Z_{j,s,t}] \quad (2.5)$$

式（2.5）给出了农户追求预期利润最大化条件下供给反应函数的一般形式，它表明事后的农作物单产 $Y_{j,s,k,t}$ 是当年要素价格 $\omega_{k,t}$ 、产品价格 $P_{k,t}$ 、当年实际天气 $Z_{j,s,t}$ 以及天气分布 $\varphi(Z_{j,s,t})$ 的反应函数。也就是说，从理论上看，农业产出不仅依赖于当年实际发生的天气，同时还依赖于当年天气的预期分布。气候变化影响研究强调对气候和天气概念加以区分的必要性。天气是指发生在某个特定时点的实现值，比如气温和降雨，由于自然的变化，天气波动表现出随机性特征。相反，气候则是一段时间内天气的长期模式和分布，可以用一段时间内天气的平均值来表征（Deschênes and Greenstone，2007；Burke et al.，2011；Deschênes and Kolstad，2011）。在时间尺度上，天气变化是短期波动，而气候变化属于长期的变动，由于两者不同的表现特征，其产生的经济影响也是不同的。不同于生产函数的结构性特征，式（2.5）为约简型函数形式，它只包括外生的影响因素，将各种常规要素投入对产出的影响内生化。

针对天气分布函数 $\varphi(Z_{j,s,t})$ 的不同假设，可以设计广泛的统计值用以衡量气候因素，这些指标可以是基于气温、降水、日照、气压等各类气候因素计算的平均值、标准差、方差、协方差，以及它们之间的交互项。作为对模型（2.5）的基本设定，假设天气的变化服从一个均匀分布，预期的天气 $E(Z_{j,s,t}) = \bar{Z}_{j,s}$ 基于该假定，一个可用于计量估计的线性化的供给反应函数形式转化为

$$Y_{j,s,k,t} = \alpha + \theta_1 P_{k,t} + \theta_2 \omega_{k,t} + \beta_1 \bar{Z}_{j,s} + \beta_2 Z_{j,s,t} + \varepsilon_{j,s,k,t} \quad (2.6)$$

其中，$\bar{Z}_{j,s}$ 表示上述天气分布的均值；θ 和 β 分别表示价格和气候（天气）对产出的边际影响。需要说明的是，已有研究中的实证计量经济模型对气候和天气变量可以设定不同的函数形式（比如线性、二次型、自然对数等），以考虑气候变化的非线性影响。但是为简便起见，本章在总结已有研究的计量经济模型时，仅考虑气候和天气变量的线性形式，以便模型的比较和统一。

2.3.3 基本理论模型的拓展

气候变化对农业影响的实证经济研究开展的时间虽然不长，但已经取得了较大进展，从而大大深化和拓展了传统自然科学家开展的影响评估工作。按照研究的侧重点不同，可以将已有研究的发展脉络大致归纳为两类：一是重在分析考虑农户适应行为下的气候变化效应，福利指标（土地价值、土地利润或土地收益）往往被用来衡量气候变化对农业的影响；二是着眼于气候变化对农业影响的非线性特征的刻画，用作物单产作为主要指标来分析气候变化的影响，这类研究一般

不考虑农户的适应性行为。因此，为更好地梳理和识别不同研究结果之间的差异，本节对已有研究的梳理也按照两条线索，分别考察气候变化对农户福利的影响和对农作物单产影响的计量经济分析方法。

1. 气候变化对农户福利的影响

1）横截面李嘉图模型

催生李嘉图方法的重要原因之一是，大部分早期的研究表明气候变暖会对农业生产带来较大的不利影响。然而，如前所述，早期的作物模型和生产函数模型并没有考虑农户的适应行为，从而可能夸大气候变化的负面影响。针对传统方法的缺陷，Mendelsohn 等（1994）提出了一种新的估计方法——李嘉图模型（通过测量美国土地价值，估计一个以土地价值为被解释变量的简约式回归模型），分析不同地区之间土地价值的差异在多大程度上受气候的影响。因此，李嘉图模型采用了横截面数据进行估计。为理解李嘉图模型的思路，接着前面的基本模型框架进行拓展。

假设农户在其预期的天气 $E(Z_{j,s,t})$ 条件下选择最合适的作物 k 进行生产，以获取最大土地利润。这里标准的假设是 $E(Z_{j,s,t})=\bar{Z}_{j,s}$，即农户预期的天气可以用过去多年的天气平均（意味着一种经验认知）来表征。结合式（2.2）和式（2.5），得到如下预期利润函数：

$$E(\pi_{j,s,k,t})=\bar{\pi}_{j,s,k,t}=\pi(P_{k,t},\omega_{k,t},\bar{Z}_{j,s},Z_{j,s,t}) \tag{2.7}$$

进一步地，给定一个贴现因子 θ，农户获得的土地价值为 $\theta\bar{\pi}_{j,s,k,t}$，它反映了未来无限期农户生产第 k 种作物所获得土地利润的贴现值。因此，由利润函数可以得到用于计量估计的土地价值方程，其形式为（Schlenker et al.，2006）

$$\bar{V}_{j,s,t}=\theta\bar{\pi}_{j,s,k,t}=\theta\bar{\pi}(\bar{P}_k,\bar{\omega}_k,\bar{Z}_{j,s})+\bar{\varepsilon}_{j,s,k} \tag{2.8}$$

式（2.7）中的 $Z_{j,s,t}$ 平均之后变成 $\bar{Z}_{j,s}$，$\bar{\varepsilon}_{j,s,k}$ 是误差项。对于农户可能生产多种不同作物而言，土地总价值方程的估计形式为

$$\bar{V}(\bar{P},\bar{\omega},\bar{Z}_{j,s})=\max_k[\bar{V}_1(\bar{P}_1,\bar{\omega}_1,\bar{Z}_{j,s})+\bar{\varepsilon}_{j,s,1}+\cdots+\bar{V}_{Nk}(\bar{P}_{Nk},\bar{\omega}_{Nk},\bar{Z}_{j,s})+\bar{\varepsilon}_{j,s,Nk}] \tag{2.9}$$

具体而言，在不考虑价格影响的条件下，MNS（Mendelsohn et al.，1994）估计的线性计量经济模型表示为

$$\bar{V}_{j,s}=\alpha+\beta_1\bar{Z}_{j,s}+\bar{\varepsilon}_{j,s} \tag{2.10}$$

其中，$\bar{V}_{j,s}$ 表示第 s 省第 j 县的土地价值；$\bar{Z}_{j,s}$ 表示过去多年的平均天气向量（比如平均温度和降水）。基于模型（2.10），MNS 以美国各县的土地价值为因变量，以 1951～1980 年的平均天气（气候）为自变量，同时控制其他随时间不变的县级因素（土壤等），估计了气候对农业的经济影响。系数 β_1 度量了土地价值是如何随着不同县的气候变化而变化的。结合方程（2.5）和方程（2.10），MNS 李嘉图

模型对气候变量的处理，实际上属于气候分布应用的一个特例，即采用过去 30 年的天气均值作为对预期天气（气候）指标的度量。

式（2.8）和式（2.9）表明，如果土地市场是完全自由化的，农户作为生产主体对气候变化的最优适应策略（包括调整作物结构和生产方式等）均隐含在土地价值中。因此，李嘉图方法反映的是气候变化对农户完全适应后的土地价值的影响。MNS 对美国的研究结果表明，在春、夏和冬季，气温的升高会降低土地价值，而降水的增加则会增加土地价值。结合预估的气候情景，MNS 进一步推断全球变暖对美国农业的影响相比传统的生产函数方法得到的结果显著降低。该研究结论强调了农户适应气候行为的重要作用：通过调整生产决策可以降低气候变暖可能带来的损失。自 MNS 提出李嘉图模型之后，陆续涌现了一大批采用该方法研究不同国家和地区气候变化对农业影响的研究成果。例如，Mendelsohn 和 Dinar（1999，2003）、Liu 等（2004）、Seo 等（2005）、Schlenker 等（2006，2007）、Fleischer 等（2008）、Lippert 等（2009）、Mendelsohn 等（2009）、Wang 等（2009）以及 Ashenfelter 和 Storchmann（2010）等。据统计，李嘉图方法已经被成功地运用于全球近 27 个国家的气候变化影响研究中（Mendelsohn and Dinar，2009）。

MNS 的李嘉图模型正式开创了气候变化对农业影响的实证经济分析的先河，但它也引发了大量的争议。从方法上来看，这些争议归纳起来主要集中于对李嘉图模型的三个假设：一是假定降水可以作为对农作物用水供给量的测度；二是假定平均气温变量与不可观测因素不相关；三是假定产品和要素价格不变（Cline，1996；Kaufmann，1998；Darwin，1999；Mendelsohn and Nordhaus，1999；Schlenker et al.，2005；Deschênes and Greenstone，2007）。

首先，李嘉图方法关于土地供水测度指标的设定并不符合现实（Schlenker et al.，2005）。原因在于，农田分为雨养区和灌溉区，降水变量能够较好地度量雨养区农作物的供水量，但用于度量灌溉区的供水量却是不合理的。事实上，按照式（2.9），雨养区和灌溉区的用水价格 ω_k 不同。雨养区的作物生产基本以零成本获取自然降水，但灌溉区的作物生产却需要以较高的成本抽取地下水或从外地引水。也就是说，两类地区的供水模式和成本是不一样的，土地价值的测算方法也不一样。而按照 MNS 假设，灌溉区的土地价值测算方法完全等同于雨养区，正如所讨论的，该假设下的土地价值测算结果并不能准确反映整个地区的土地价值。因此，作为对 MNS 方法的一种改进，Schlenker 等（2005）分别考察了雨养区和灌溉区气候变化的影响，研究证实，这种区分对于进一步提高李嘉图模型的适用性和解释力度异常关键。在后来的李嘉图模型分析中，雨养区和灌溉区的区分成为李嘉图模型应用的重要前提（Schlenker et al.，2006，2007；Wang et al.，2008）。

其次，从计量经济理论上讲，要得到李嘉图模型的一致估计结果，必须保证所有影响土地价值的不可观测因素与气候不相关，否则模型会因内生性问题而出现估计结果不一致。但是一些不可观测要素（比如灌溉条件、土壤类型等）在空间上与气候变量（比如平均气温）高度相关，它们同时也是土地产出和土地价值的重要决定因素（Schlenker et al.，2005；Deschênes and Greenstone，2007；Schlenker and Roberts，2009）。比如，Deschênes 和 Greenstone（2007）认为气候会与土壤特征、人口密度、人均收入以及纬度等因素相关，而后者又能决定土地价值。Schlenker 等（2005）的研究也显示，灌溉用水的可获得性与气候显著相关。因此，MNS 基于横截面数据分析的李嘉图方法存在一个重要不足：它无法控制这些不可观测要素，使得模型存在潜在的遗漏变量问题，从而导致估计结果的偏误。

最后，李嘉图模型没有直接控制价格的影响，这可能导致潜在的模型识别问题。对于该问题将在本章第四部分“2.3.4 实证研究中的一些问题和挑战”的第二点中展开进一步讨论。

2）面板数据的固定效应估计

鉴于 MNS 采用截面数据对李嘉图方法进行估计所导致的不足，一些后续的研究建议采用面板数据估计气候变化与农业产出之间的关系（Deschênes and Greenstone，2007；Schlenker and Roberts，2009；Welch et al.，2010；Lobell et al.，2011；Massetti and Mendelsohn，2011）。实际上，采用李嘉图方法的研究也考虑到了使用多期的数据，不过与面板数据估计不同，他们对不同年份的横截面数据分别进行估计，并比较这些基于不同年份的李嘉图估计结果（比如，Mendelsohn et al.，1994；Schlenker et al.，2006）。该方法本质上依然是李嘉图方法，并且通过该方法得到的每一期估计结果存在很大差异，结果并不稳健（Massetti and Mendelsohn，2011）。通过面板数据的固定效应估计，不仅可以控制灌溉区的影响，更重要的是，可以在很大程度上控制潜在的遗漏变量问题。

为描述面板数据的估计方法，接着前述李嘉图模型进一步拓展。基于利润函数模型（2.10），考虑全部的作物生产，反映气候和土地总利润长期关系的计量经济模型可以表示为

$$\bar{V}_{j,s}=\alpha+\beta_1\bar{Z}_{j,s}+c_{j,s}+\varepsilon_{j,s} \tag{2.11}$$

其中，$c_{j,s}$ 表示一系列影响作物产出的随时间不变的特定地区因素（比如土壤），用于解决由于部分不可观测变量与气候变量相关导致的模型内生性问题；β_1 测度了气候变化对平均土地利润的影响。

另外，由于自然天气变异的随机性特征，第 t 年实际发生的天气 $Z_{j,s,t}$ 可能偏离农户事先的预期 $\bar{Z}_{j,s}$。由于这种偏离是发生在农户选择种植作物之后，因此农户将获得一个产出偏差［或称之为惩罚］，它是天气偏离的函数，即 $f([Z_{j,s,t}-\bar{Z}_{j,s}],\varepsilon_{j,s,t})$（Burke and Emerick，2016）。因此，农户第 t 年实际获得的土地利润 $y_{j,s,t}$ 实际上是预期土地利润与利润偏差之和：

$$V_{j,s,t}=\alpha+\beta_1\bar{Z}_{j,s}+\beta_2(Z_{j,s,t}-\bar{Z}_{j,s})+c_{j,s}+\varepsilon_{j,s,t} \tag{2.12}$$

通过式（2.11）和式（2.12），得到用于估计的以年际间变化的土地利润作为被解释变量的面板数据模型：

$$V_{j,s,t}-\bar{V}_{j,s}=\alpha+\beta_2[Z_{j,s,t}-\bar{Z}_{j,s}]+\varepsilon_{j,s,t} \tag{2.13}$$

通过式（2.13）可以发现，该模型正好反映了面板数据的组间估计形式，不随时间变化的地区固定效应 $c_{j,s}$ 因差分被控制。如果年际间的天气变化可以被认为是严格外生的，那么 β_2 识别了年际间天气变化对农业土地利润的边际影响。根据式（2.13），Deschênes 和 Greenstone（2007）基于美国 2268 个县多年的面板数据研究发现，天气变化与农业利润并不存在显著的统计关系。另外他们还利用面板数据分析了气候变化对单产的影响，发现天气变化与玉米和大豆单产之间也没有显著的统计关系。他们进一步预测，如果短期天气变化对农业利润和作物单产没有显著的统计影响，那么长期而言，考虑到生产者的适应行为，未来气候变化对美国农业很可能没有影响。该结果与大多数其他针对美国的同类研究结论差异较大（Schlenker and Roberts，2006，2009；Schlenker et al.，2006；Fisher et al.，2012；Burke and Emerick，2016）。

虽然基于面板数据的分析为解决潜在的遗漏变量问题提供了思路，但该方案是建立在另外一种代价之上：基于年际间天气变化的影响分析显然没有考虑到农户对气候变化的长期适应；针对短期天气冲击，农户能够采取的适应措施非常有限（Wang et al.，2009；Massetti and Mendelsohn，2011）。相反，李嘉图模型考虑的农户对长期气候变化的反应，譬如调整作物结构（Kurukulasuriya and Mendelsohn，2008；Seo and Mendelsohn，2008a）以及饲养其他牲畜等应对措施（Seo and Mendelsohn，2008b），在短期内很难实现。这意味着，面板数据的估计仍然可能高估或者低估气候变化对农业产出的影响（Schlenker and Roberts，2009；Fisher et al.，2012）。对此，有观点认为，基于面板数据分析所讨论的问题，已经不再是李嘉图模型提出之初时所要考虑的农户适应的问题；虽然该方法在一定程度上能够克服李嘉图模型可能存在的内生性问题，但因为对农户长期适应行为考虑不足，并不一定比利用截面数据估计的李嘉图模型提供更有效的估计结果（Massetti and Mendelsohn，2011）。

3）考虑农户长期和短期适应的混合数据估计

相比于作物模型，经济学家对气候变化影响的研究更主要是为了将农户的适应行为纳入气候变化影响分析框架，以尽可能真实地刻画气候对农业的影响。针对 Deschênes 和 Greenstone（2007）忽略长期气候变量导致对农户适应行为考虑不足的缺点，在另一项经典研究中，Kelly 等（2005）在混合数据的计量经济模型中同时引入了气候和天气变量，以分别估计考虑农户长期适应后的气候效应和农户短期适应后的天气效应。具体而言，在前述基本模型（2.5）的基础上，Kelly 等（2005）进一步假定气候因素 $Z_{j,s,t}$ 服从正态分布，即 $Z_{j,s,t} - N(\mu_{j,s},\sigma_{j,s})$。$\mu_{j,s}$ 和 $\sigma_{j,s}$ 分别代表预期天气的均值和方差。采用与 Deschênes 和 Greenstone（2007）类似的土地利润 $V_{j,s,t}$ 为被解释变量，Kelly 等（2005）的研究用的估计计量经济模型为

$$V_{j,s,t} = \alpha + \beta_1 Z_{j,s,t} + \beta_2 \mu_{j,s} + \beta_3 \sigma_{j,s} + \theta_1 P_t + \theta_2 \omega_t + \varepsilon_{j,s,t} \tag{2.14}$$

模型（2.14）显示，最终实际观察到的土地利润受价格、天气分布（长期气候）、实际发生天气，以及不可观测因素等的共同作用。其中，β_1 识别的是考虑农户对年际间天气变化适应后的短期天气影响，β_2 和 β_3 则识别的是考虑农户长期适应后的气候影响。还注意到，不同于前述讨论的模型，Kelly 等（2005）的模型中直接控制了产品和要素价格的作用，它们分别通过系数 θ_1 和 θ_2 得以识别。

基于1976～1997年美国5个州的县级横截面和时序混合数据，Kelly 等（2005）分别采用过去多年的平均气温和降水、气温标准差、降水标准差以及气温降水协方差作为气候变量的测度，估计了气候和天气的影响。从长期的气候变化影响来看，他们的估计结果与 MNS 估计结果基本一致，不过，短期天气变化对土地利润的影响为负。

遗憾的是，遗漏变量问题依然成为 Kelly 等（2005）模型的不足。如式（2.14）所示，为避免完全共线性，模型采用横截面与时间序列混合数据进行估计，无法消除地区固定效应（如果采用固定效应估计，在消除不可观测因素的同时，也会将长期气候变量 $\mu_{j,s}$ 和 $\sigma_{j,s}$ 消除）。这就意味着，Kelly 等（2005）的估计结果依然可能因遗漏变量问题而有偏差和不一致（Schlenker and Roberts，2009；Deschênes and Kolstad，2011）。

4）对李嘉图模型估计方法的改进

无论是经典的横截面李嘉图方法，还是基于面板数据的回归估计模型，在考虑农户适应的问题上，仍然存在各自的不足。经济学家没有放弃寻找克服这些潜在问题的方法。

最新的估计方法来自 Burke 和 Emerick（2016），该方法类似于双重差分模型，首次被 Dell 等（2012）用于估计气候变化对经济增长的影响。Burke 和 Emerick（2013）采用一种被称为“长差分估计”（the long differences approach）的模型，以期同时克服横截面数据和面板数据估计的不足。长差分估计方法的思路是，对于任一个特定地区，构建两个不同时点上的长期平均利润和平均天气数据，然后估计平均天气的变化对平均利润变化的影响。该方法将横截面数据估计方法与面板数据估计方法进行融合，使其兼具二者的估计优势。为揭示其原理，进一步基于面板数据模型（2.12）进行拓展。

简单来看，考虑两个时期，不妨称之为时期 a 和 b，每个时期涵盖多年时间

序列（假设时长为 M）。给定模型（2.12）的估计形式，将模型（2.12）在时期 a 内的所有时间相加，可以得到时期 a 的平均利润 $\bar{V}_{j,s,t}=\frac{1}{M}\sum t\in aV_{j,s,t}$ ，同时时期 a 的平均天气可以表示为 $\bar{Z}_{j,s,a}$。由于平均之后式（2.12）中的产出偏差项被消除，因此，对于时期 a，式（2.12）变为

$$\bar{V}_{j,s,a}=\alpha+\beta_1\bar{Z}_{j,s,a}+c_{j,s}+\varepsilon_{j,s,a} \tag{2.15}$$

其中，$\varepsilon_{j,s,a}$ 表示时期 a 内影响平均产出随机误差项。采用类似的方法不难得到时期 b 内的估计方程，然后将两个时期的方程进行长差分可以得到：

$$\bar{V}_{j,s,b}-\bar{V}_{j,s,a}=\beta_1(\bar{Z}_{j,s,b}-\bar{Z}_{j,s,a})+(\varepsilon_{j,s,b}-\varepsilon_{j,s,a}) \tag{2.16}$$

只要两个时期平均天气的变化与随时间变化的不可观测因素不相关，那么对式（2.16）的估计就能得到 β_1 的一致估计量。此外，如果数据的时序足够长，上述长差分模型就可以从两期拓展至更多时期。

上述长差分估计方法相比于单一的横截面或面板数据估计而言，具有明显优势。长差分估计既考虑了农户在长期下的充分适应，同时克服了横截面数据估计中潜在的遗漏变量问题。因此，从考虑农户适应的角度看，基于长差分估计的结果预测未来气候变化对农业的影响，比单纯基于面板或横截面数据的影响预测要更加真实可信。

那么，农户的适应对于抵御气候变化影响到底有何效果呢？Burke 和 Emerick（2016）基于美国县级数据同时估计了长差分模型（2.16）和面板数据模型（2.13），试图通过比较 β_1 与 β_2 的估计差异识别农户对气候变化的适应是否有效。思路在于，长差分模型充分考虑了农户对不同气候的适应，而针对年际间的天气波动，农户很难采取适应行动；如果农户采取有效的适应策略，那么这两类估计的结果将显著不同。结果他们发现无论在长期还是短期内，系数 β_1 与 β_2 的差异都很小；据此 Burke 和 Emerick（2016）认为农户应对气候变化的适应措施非常有限。

2. 气候变化对农作物单产的影响

前面围绕农户的适应以及气候（天气）的长短期尺度，重点总结了不同研究中气候变化对农户福利影响模型的构建和发展。在这之外，还有另一类代表性研究着眼于气候变化对农作物单产的影响。这类研究的重点并不在于考察农户适应问题，相反，如何度量气候变化对农业生产的非线性影响成为它们关注的焦点。

对气候变量测度的通常做法是，采用作物的整个生长季或当年（月度）的平均气温和降水等。比如，Mendelsohn 等（1994）与 Massetti 和 Mendelsohn（2011）采用四个季度的多年平均温度和降水来表征长期的气候变量。但该处理方法忽略

了气候在平均水平之外的异常分布（比如季节内部极高或极低气温），并可能导致潜在的多重共线性问题（Schlenker et al.，2006；Schlenker and Roberts，2009）。对此，Adams 等（2003）通过引入平均日最高气温和三至九月的累积降水量来反映天气指标，前者可以在一定程度上刻画天气的异常分布。但 Lobell 等（2007）认为，忽视日最低气温以及生长季其他月份的气温和降水，意味着人为假定这些气候要素无助于解释作物产量的变异。因此，Lobell 等（2007）建议采用日最高温、日最低温以及生长季累积降水量同时作为对天气的测度。此外，还有一类由气温和降水量计算出的干旱指数指标，也开始被经济学家用来评估气候效应（McCarl et al.，2008）。

不过在 Schlenker 和 Roberts（2006，2009）看来，上述指标均不足以完美刻画气候变量。考虑到农作物的生长在很大程度上依赖于热量（温度）的变化，Schlenker 等建议应该根据农学原理，构建反映作物生长期内累积热量的积温变量，用以刻画短期天气的非线性影响。具体而言，引入作物整个生长阶段的热量分布概念，并与计量回归模型相结合，通过设计作物生长季积温和极端积温等农学指标，从而创新性地刻画气候（天气）对作物生长的非线性影响。

在这种条件下，单产由于能够直接反映当年作物的生长结果，相比福利指标（如土地利润）而言，更加适合用于度量天气变化的影响结果（Schlenker and Roberts，2009）。因此，以 Schlenker 和 Roberts（2006，2009）、Schlenker 和 Lobell（2010）、Fisher 等（2012）以及 Roberts 等（2013）等为代表的研究，着力于探讨积温变化对作物单产的非线性作用，以此评估气候变化对农业的影响。

Schlenker 等估计的单产影响模型，实际上是式（2.6）的简化形式：

$$y_{j,s,k,t} = \alpha + \beta_1 Z_{j,s,k,t} + c_{j,s,k} + \varepsilon_{j,s,k,t} \tag{2.17}$$

其中，$y_{j,s,k,t}$ 表示第 t 年作物 k 的单产；$c_{j,s,k}$ 表示个体固定效应。在实际应用中，$Z_{j,s,k,t}$ 包括作物 k 生长季的积温变量和极端积温变量，以及生长季总降水及其二次项；同时模型中还控制了每个省的时间及其二次项趋势。

然而，单产影响模型的估计结果与 Deschênes 和 Greenstone（2007）的研究结果不一致。基于美国 1950～2005 年旱作区县的面板数据，Schlenker 和 Roberts（2009）估计了天气对玉米、大豆和棉花三种作物单产的影响。结果发现，在一定范围内，气温上升对产量具有显著的正向作用，但是当温度高出相应的阈值时，对这些作物会带来显著负面效果。即使基于与 Deschênes 和 Greenstone（2007）相同的作物产出和气候数据，Fisher 等（2012）研究也发现气候变化对玉米和大豆单产具有显著的负面影响。

针对 Deschênes 和 Greenstone（2007）发现气候变化对美国土地利润不存在显著影响的结论，Fisher 等（2012）认为 Deschênes 和 Greenstone（2007）利润函数

的固定效应估计依然存在遗漏变量（比如价格、存储）问题，这可能是导致他们的研究结论存在较大差异的原因。具体而言，Deschênes 和 Greenstone（2007）使用的土地利润是通过农业总收益减去农业总支出获得，二者均是当年的报告值。但 Fisher 等（2012）认为，当年农业收益仅仅反映当年农户销售的农产品收益，但实践中有些农户当年会存储部分农产品，或者当年销售的农产品实际上是前几年存储的。农户的这种存储行为可能恰好受当年天气变化的影响，这意味着存储效应可能内生于天气变化。事实上，Schlenker 和 Roberts（2009）之所以将单产作为模型的因变量，也意在避免土地利润测算中可能存在的问题。

上述单产影响模型对农户的适应考虑不足，Schlenker 和 Roberts（2009）采用了两种思路的稳健性检验方法，以判断不考虑农户适应在多大程度上会影响结果。首先，测算作物不同生长季时间下的积温变量，并比较这些不同积温的影响估计结果。其思路在于，农户在不同天气条件下可能提前或延迟播种（收获）日期，通过测算不同生长季时间下的积温效应，可以捕获农户的这种适应行为。他们的研究结果发现，不管如何调整生长季时间，对应的积温效应估计结果基本上没有差异。其次，分别估计了横截面与时间序列混合数据模型、纯时间序列数据模型和横截面李嘉图模型，并将上述三类结果与面板数据固定效应估计结果比较。该检验思路与前面介绍的 Burke 和 Emerick（2016）的处理方法一致。结果显示，在这四种情况下的回归系数均非常近似，即横截面与时序回归系数差不多，而前者反映的是农户在某一作物范围内通过调整管理适应后的结果，后者反映的是农户无法适应气候变化的结果。依据上述比较结果，Schlenker 和 Roberts（2009）推断农户针对同一作物应对气候变化的适应调整措施有限。

2.3.4　实证研究中的一些问题和挑战

在气候变化对农业影响的研究脉络梳理中，各类实证模型和研究结论争议的焦点实际上集中在如何将农户适应的长期和短期时间尺度纳入气候变化影响分析框架。围绕该问题发展的一系列计量经济模型和估计方法，构成了不同研究相互争鸣的重要标志，同时也给气候变化影响研究提出了重要挑战。Deschênes 和 Greenstone（2007）面板数据与 Mendelsohn 等（1994）横截面数据的比较分析表明，长短期视角不同，可能导致研究的问题也不一样。事实上，长差分模型的最终目的在于识别农业短期适应和长期适应到底发挥了怎样的作用。

Schlenker 和 Roberts（2009）、Burke 和 Emerick（2016）对长期和短期适应的比较，均暗含了如下基本假设：农户只能够对长期气候变化采取适应措施，对短期天气波动很难采取有效的适应行动。在该假设下，他们依据长期平均气候和短期天气变化影响估计结果之间微小的差异，推断农户实际应对气候变化的适应能力有限。

然而上述推断值得商榷。在非洲和亚洲等众多发展中国家开展的关于农户适应气候变化策略的田野调查显示，农户采取了广泛的适应措施以应对变化的气候（Maddison，2007；Nhemachena and Hassan，2007；Thomas et al.，2007；Deressa et al.，2009；Di Falco et al.，2011；Wang et al.，2012a；Yu et al.，2013）。这些措施有些具有长期投资特征，比如新建水库、水坝、机井和排灌沟渠等，能够在长期尺度上抵御气候风险（陈煌等，2012）。另一些被农户普遍采用的农田管理措施，比如调整生产投入、增加灌溉、调整农作物播种或收获日期、补苗定苗洗苗等，以及一些节水灌溉技术，能够在短期内帮助农户抵御气候风险和降低潜在的气候损失（Mendelsohn，2000；Yesuf et al.，2008；Di Falco et al.，2011）。对农户而言，这些短期措施相比一次性投资的长期类措施，可能更具有成本有效性（Lunduka et al.，2013），因而在实践中能够被广泛采用。

上述经验观察为农户采取适应措施提供了证据，但是为什么 Schlenker 和 Roberts（2009）与 Burke 和 Emerick（2016）均得到了与现实不一致的结论呢？这是一个值得深入研究的问题，受篇幅所限，这里尝试给出初步的解释。

首先，基于美国的数据分析结果可能并不代表其他发展中国家和地区的情况，因为后者的农业生产对气候变化往往更加敏感和脆弱。这意味着可能需要进一步开展更多的案例研究和国别比较分析。另外，更重要的是，对 Schlenker 和 Roberts（2009）、Burke 和 Emerick（2016）分别基于面板数据和横截面数据的模型设定提出可能的疑问。在他们的模型框架中，第 t 年的天气变量为 Z_t，对第 t 年气候变量的表征是采用过去多年（t–m 到 t–1，m>1 代表年份）天气的平均。为便于直观解释，作为一个简化，方程（2.18）和方程（2.19）分别给出了这两项研究中使用的面板数据模型和横截面模型的简化式：

$$y_{j,k}=\beta_1 Z_{j,t}+\mu_{j,t} \tag{2.18}$$

$$y_j=\beta_2 \overline{Z}_j+\tau_j \tag{2.19}$$

如前述所定义的，如果气候表示为实际天气的一个分布，那么气候变化在不同时期就表现为不同分布的变化。与前述对产出偏差的定义类似，实际发生的天气 $Z_{j,t}$ 与该分布的天气均值（气候）$\overline{Z}_j$ 之间存在一个随机偏差 $\varepsilon_{j,t}$：

$$Z_{j,t}-\overline{Z}_j=\varepsilon_{j,t} \tag{2.20}$$

综合（2.18）、（2.19）和（2.20）三个方程不难得到：

$$y_{j,t}=\beta_1 \overline{T}_j+(\mu_{j,s}+\beta_1\varepsilon_{j,t}) \tag{2.21}$$

$$y_j=\beta_2 T_{j,t}+(\tau_j+\beta_2\varepsilon_{j,t}) \tag{2.22}$$

分别比较方程（2.18）和方程（2.22），以及方程（2.19）和方程（2.21），发现 β_1 和 β_2 均同时反映了长期适应和短期适应后的气候（天气）变化效应。这可能

意味着 $\beta_1 = \beta_2$，也就是说，对同样的样本（虽然观测数量不同），基于横截面数据和面板数据估计的影响结果，从计量机理上讲是一样的。如果上述假设成立，推测 Schlenker 和 Roberts（2009）、Burke 和 Emerick（2016）的结果之所以出现面板数据和横截面数据的影响估计系数差异不大，其原因可能并不在于农户没有采取措施，而是理论计量经济模型可能存在误设。

上述问题的关键在于对 $\overline{Z}_j$ 测算方法的不确定性。从统计上讲，对于均值和方差的计算，还无法判断选取哪个时期才恰好反映第 t 年实际天气所在的一个完整分布，也就是说，对 m 值的确定具有一定的随机性。实际上，Mendelsohn 等（1994）、Schlenker 等（2006）、Schlenker 和 Roberts（2009）、Deschênes 和 Kolstad（2011）、Burke 和 Emerick（2016）等的研究均对不同 m 取值下的均值进行稳健性检验，可能源于这样的考虑。这里猜测，既然当年实际天气的实现值，已经暗含了背后所在的天气分布，根据推断，这是否意味着，在李嘉图模型中直接采用当年实际天气变量[比如式（2.22）]，可能比采用多年天气均值更能准确地刻画气候的经济影响。

其次，不同研究对产品和要素价格的处理方式也不一样。到目前为止，在前述所有计量经济模型的分析中，除 Kelly 等（2005）的研究外，均没有直接控制产品和要素价格的作用。事实上模型（2.5）已强调，理论上而言，农业产出是产品和要素价格的函数，在计量经济模型的设定中，它们均应纳入供给反应模型。更关键的在于，一旦价格与气候变量相关，那么遗漏价格的作用将导致无法一致地识别出气候（天气）的影响。不幸的是，实证研究表明，产出价格不仅对气候的冲击相当敏感，甚至可能是不确定的（Kelly et al.，2005；Ashenfelter and Storchmann，2010）。例如，Kelly 等的研究对产品和要素价格的估计显示，价格对利润的影响至少在 5%的显著性水平上显著。该结果意味着，遗漏价格作用的潜在影响不容忽视。不过，虽然短期天气变动对价格的潜在冲击较大，但长期来看，由于农户能够采取充分的适应措施，李嘉图模型中气候变化对该地区价格的影响可能较小（Schlenker et al.，2005）。MNS 也给出了类似的理由：由于横截面数据反映气候的长期变化，对长期而言，价格针对气候变化的反应已经调整到均衡状态，因此假定价格与气候变异无关可以接受。

如果说横截面李嘉图模型对长期下价格的恒定假设还不至于影响其解释力的话，那么基于面板数据的识别模型则无法忽视对产品和要素价格的控制。Deschênes 和 Greenstone（2007）与 Schlenker 和 Roberts（2009）等虽然意识到这个问题，但是囿于数据限制，他们只能试图通过回归技术以尽可能减少遗漏价格变量给模型识别带来的潜在问题。具体而言，Deschênes 和 Greenstone（2007）在模型（2.13）的基础上，创新性地引入了一个省和时间的交叉固定效应变量 γ_{st}。通过该方法能够较好地控制省级层面同时随时间和地区变化的价格效应。相比之下，纯时间固定效应 γ_t 无法控制随地区变化的价格因素。但遗憾的是，在每个省的内部，受天气影响而随时间和县发生变化的潜在价格效应仍然无法被控制。

然而，Fisher 等（2012）的研究认为，直接控制时间固定效应 γ_t 比控制 γ_{st} 更加有效。原因在于，省和时间交叉固定效应估计在控制价格的同时，省级层面更多其他因素的变异性也因此全部被消除；尤其是天气的变异，在控制 γ_{st} 后，只剩下年际县域之间的天气变异，从而降低了估计效率。相比之下，作为另外一种方法，Schlenker 和 Roberts（2009）在模型识别中直接引入时间趋势变量，试图在一定程度上控制价格、技术进步等因素的作用。

改变模型设定形式也能在一定程度上控制价格的作用。正如前面（第三部分"2.3.3 基本理论模型的拓展"）提到的，相比于利润函数的估计，单产影响模型在很大程度上能避免因价格、农户储存行为等带来的潜在内生性。同样，Kelly 等（2005）的模型中也采用土地利润作为因变量，但由于控制了价格的作用，虽然仍面临其他遗漏变量问题，但至少减少了由价格导致的内生性问题。

总之，探索气候变化对农业影响的实证研究方法具有重要的理论和现实意义。首先，相比于作物模型而言，基于实证计量经济模型的经济学研究将生产者的适应行为纳入到分析框架，从而极大地丰富了传统的气候变化影响研究框架。其次，实证研究估计的影响结果，将为测算预估的气候变化情景对全球和地区农业的影响提供重要参数。这将在两个方面提供积极的政策含义：一是多种途径的计量经济模型和实证技术增强了对气候变化影响预测结果的把握；二是为制定积极有效的农业适应和减缓气候变化的政策提供参考。

2.4　本 章 小 结

综合上述对现有研究的回顾，为有效应对气候变化对水稻生产的挑战，需要充分了解气候的长期变化和极端气候事件对水稻生产的影响及适应策略，在此基础上为制定提高农户和社区适应气候变化能力的适应规划和政策提供实证依据。然而，与现实需求相比，现有国内外关于气候变化对水稻影响和适应策略的评估还远远不够。研究方面的不足主要表现在以下几方面。

第一，在气候变化影响研究方面，以往气候变化对农作物生产的影响主要集中于对小麦、玉米和水稻的研究，但是针对不同生长季水稻（早、中和晚稻）的研究较少。即便如此，关于气候变化对水稻影响的研究结果也存在较大争议。这些研究往往偏重分析气候的长期变化对农作物的影响，相反，基于微观农户调研数据分析极端气候事件对农作物影响的实证研究相对较少。

第二，在气候变化适应研究方面，现有研究大多属于概念性的探讨或定性分析，基于调查数据实证定量分析适应措施采用决定因素的研究并不多。对中国适应气候变化的实证研究处于起步阶段。特别是，以不同生长季水稻为研究对象，对农户、社区和政府不同主体适应措施实施效果的研究更是鲜有涉及。

第三，在研究方法上，气候变化对水稻影响的研究大多来自自然科学家的工作。自然科学家主要基于作物模型方法，通过控制性生产试验或模拟研究气候变化对农作物生长的直接影响。相比之下，以历史统计数据实证分析气候变化对水稻影响和适应的研究较少，即使有些研究采用了统计方法，但仅限于描述性统计分析，缺乏实证定量评估（控制生产投入要素等）。数据的可获得性成为制约实证定量研究的重要限制因素。

第四，在研究对象上，专门以不同生长季水稻作物为分析对象，同时将气候变化影响和适应作为整体进行系统研究的也不多见。已有研究无论是考察长期气候变化还是极端气候事件，基本上是将影响和适应作为两个问题独立开展研究。因而，以全国范围内有代表性的农户调查样本为基础，将气候变化影响和适应纳入同一个分析框架中，系统厘清样本区长期气候变化和极端气候事件的变动趋势与特征，清晰地刻画长期气候变化和极端气候事件对水稻生产的影响，探究农户、社区和政府针对气候变化所采取的应对策略，识别主要适应措施采用的决定因素，并实证定量评估这些适应措施在抵御气候变化风险上的效果，对于增进认识和制定国家应对气候变化政策有着重要的现实意义和政策含义。

第 3 章　研究数据和方法

本章主要介绍研究框架、数据来源及计量经济模型和估计方法三部分内容。

3.1　研 究 框 架

了解气候变化对水稻生产的影响以及农户、社区和政府在面临气候变化风险下的适应策略是本书的主要目标，这取决于对气候变化影响和适应的实证评估。为此，本书将围绕气候变化对水稻的影响和适应措施展开研究。具体研究框架如图 3.1 所示。

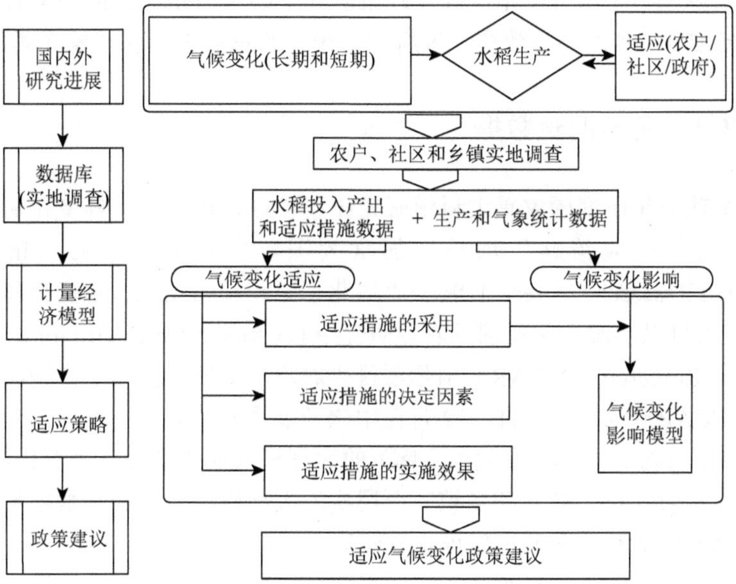

图 3.1　研究框架

根据上述研究框架，本书将按照以下步骤展开研究。

第一，基于五省实地调查数据，整理水稻投入产出和适应措施采用数据，同时搜集整理主要稻作区水稻投入产出数据和气象数据，构建完整的数据库。

第二，建立长期气候变化和极端气候事件对水稻单产影响的计量经济模型并估计参数。在气候变化影响模型设定的基础上，基于两期农户水稻地块的投入产出数据和气象观测数据，实证估计长期气候变化和极端气候事件对水稻单产的边际影响，从而为理解气候变化影响机理提供基础。

第三，根据适应措施采用数据库详细分析农户、社区和政府三个层面上不同的适应策略，在此基础上建立适应气候变化措施采用的决定因素模型，识别决定农户适应措施采用的影响因素。

第四，建立适应措施采用实施效果的评估模型，定量估计适应措施采用对水稻单产的影响，进一步增强对适应措施抵御气候变化风险作用的认识。

第五，基于上述实证研究结果，总结和提炼有助于提高农户应对气候变化风险能力的适应策略，并提出相应的政策建议。

3.2 数据来源

为分析长期气候变化和极端气候事件对水稻生产的影响及适应策略，本书采用的数据来源包括两部分：中国农业政策研究中心（China Center for Agricultural Policy，CCAP）[①]实地调查数据，政府部门统计的农业生产和气象观测数据。

3.2.1 CCAP 实地调查数据

依托全球变化研究国家重大科学研究计划（973 计划）“气候变化对社会经济系统的影响与适应策略”项目、加拿大国际发展研究中心（International Development Research Center，IDRC）“华北平原和鄱阳湖地区水资源和适应气候变化研究”项目以及澳大利亚国际农业研究中心（Australian Centre for International Agricultural Research，ACIAR）国际项目“农户适应气候变化：中国和越南的政策选择”，CCAP 于 2012 年 11～12 月在中国开展了 9 个省份（河南、江西、广东、河北、山东、江苏、吉林、安徽和云南）的大规模农业生产和气候变化实地调查。这些调查涉及对农户、社区和乡镇三个层次的大规模问卷访谈和数据搜集，以期就气候变化的影响和适应开展实证定量研究。

具体抽样方法如下：在每个省内，采取分层随机抽样的方法来选取样本县。首先，在每个省内确定出 2010～2012 年 3 年期间至少遭受过一次特大旱灾或特大洪涝灾的所有县。按照国家标准，旱灾等级一般划分为特大旱、重旱、中旱和小旱四个等级，洪涝灾等级一般划分为特大灾、大灾、中灾和轻灾四个等级。本次调查优先选择遭受过特大旱灾或特大洪涝灾的县，如果满足上述条件的县不足 3

① http://www.ccap.pku.edu.cn/。

个，则选择遭受过重旱或洪涝大灾的县；然后，在这些遭受过特大旱灾或特大洪涝灾的县中，随机抽取 3 个样本县。为丰富研究样本，在广东和江西分别选择了 6 个县和 10 个县。与此同时，这 3 个县必须满足如下条件：第一，3 年中该样本县还经历过一个比较正常的年份（该年受灾等级为轻度及以下），这样所有样本县在 2010～2012 年同时经历了至少一个受到特别严重干旱或洪涝灾害的年份（定义为受灾年）和一个比较正常的年份（定义为正常年）。第二，样本县的抽样优先序如下（以干旱为例）：①上一年干旱、当年正常的县；②前一年干旱、当年正常的县；③当年干旱、上一年正常的县。第三，样本县以粮食生产为主，同时地理位置上不太集中。由于本次调查不仅要研究长期气候变化的影响，同时还要研究极端气候事件发生对水稻生产的影响，因此上述抽样方法得到的样本县同时包括正常年和受灾年，类似于准自然实验，通过比较正常年和受灾年的差异来评估极端气候事件发生的影响。

其次，在每个县随机抽取 3 个乡镇。乡镇抽取原则是：按抵御灾害的基础设施条件分为高、中、低三类，每类取 1 个乡镇，也以粮食生产的乡镇为主，同时考虑其地理位置不能太集中。考虑不同乡镇的基础设施条件，意在分析水利基础设施对农业生产灌溉和产出的作用。

再次，每个乡镇抽取 3 个村。类似于乡镇的抽样方法，按照抵御灾害的水利基础设施的能力，高、中和低各取 1 个村。

最后，每个村庄随机抽取 10 个农户。其中，广东的一个村调查了 12 个农户。所选农户主要从事粮食生产，并就每个农户最大的两块地进行详细访问。基于这些抽样数据，可以分析在同样极端自然灾害发生条件下，不同农户农业产出差异的原因。

根据上述抽样方法，调查样本共包括 9 个省 37 个县、111 个乡镇、333 个村、3332 个农户。表 3.1 汇总了调查样本分布。

表 3.1　CCAP 调查样本分布

省份	县	乡镇	村	农户
河南	3	9	27	270
江西	10	30	90	900
广东	6	18	54	542
河北	3	9	27	270
山东	3	9	27	270
江苏	3	9	27	270
吉林	3	9	27	270

续表

省份	县	乡镇	村	农户
安徽	3	9	27	270
云南	3	9	27	270
总计	37	111	333	3332

资料来源：CCAP 2012 年调查

调查采用面对面的问卷方式，调查问卷分为乡镇问卷、村级问卷和农户问卷三种类型。乡镇问卷的回答者是乡镇政府领导，如镇长、副镇长等。村级问卷的回答者主要是村领导，如村支书、村主任和会计等。在正式开展调查前，首先对所有调查员进行了严格的室内培训；其次在调查地区开展了实地培训。调研问卷的设计内容十分广泛，包括了村和农户的一些自然、社会和经济等方面的特征、村灌溉基础设施状况、水资源的获得和可靠性状况、极端气候事件对农业生产和生活影响及适应性措施、政策安排等。

调查通过农户问卷详细搜集了农业生产、极端气候事件、农户适应措施采用、政策支持等方面的微观数据。农户问卷主要包括如下三方面的信息：家庭和土地基本特征信息、正常年和受灾年下的作物投入产出信息，以及正常年和受灾年下的农户采取适应措施及政策支持信息。具体而言，家庭和土地基本特征信息主要包括：家庭成员特征（比如年龄、性别、教育、户口、就业特征）、家庭规模（总人口）、家庭财富（家庭耐用消费品价值和住房价值）、社会资本（直系亲属数量、亲戚中是否有乡镇干部）、家庭经营耕地面积、土壤特征、地形特征、水利灌溉设施等。这些信息有助于分析农户适应措施采用的决定因素。

正常年和受灾年下的作物投入产出信息主要包括：①夏熟或秋熟作物的各种要素投入，包括每种作物每个地块的劳动力、种子、化肥、农药、地膜、机械费用投入等；②分地块分作物的排灌条件；③各种极端气候事件下的作物产出、对农户生产生活的影响等。这些信息有助于理解极端气候事件的发生对作物和家庭的影响。

正常年和受灾年下的农户采取适应措施及政策支持信息主要包括：①农户采取的应对气候变化的工程类措施（如水窖等集雨设施、机井、水泵、水渠等），地面管道、沟灌或畦灌、免耕和秸秆覆盖等节水技术，以及非工程类措施（如调整作物品种、改变作物种植结构、延长或提前作物播种或收获日期、调整作物生产要素、加强灌溉等）；②采取适应性措施的限制性因素（比如资金、技术、劳动力等）；③各种适应性措施采用所花费的成本（比如劳动力投入、资金等）；④农户采取适应性措施方面的政策支持情况（比如灾害预警信息提供、政府抗灾政策支持等）。

社区和乡镇层面的实地调查主要来自对村和乡镇领导，以及灌区、水库、机井、排灌站、水塘等水利排灌设施管理者的调查。搜集的信息主要包括：①基本的社区人口、经济条件、土地、地形和土壤等社会经济特征，作物种植生产结构，极端气候事件的发生等；②社区水库、排灌系统、堤坝、水塘等主要应对极端灾害的农田水利基础设施情况。除此之外，还重点搜集了社区和乡镇层面应对短期气候变化采取的主要政策措施，乡镇层面的问卷具体包括乡镇及以上政府在帮助农户和社区适应气候变化方面提供的政策支持信息。

3.2.2　本书采用的微观调查数据

根据研究目标，本书所使用的微观数据来自上述数据库中对江西、江苏、广东、云南和河南 5 省开展的实地调查数据。之所以选取上述 5 个省的调查样本，基于如下三方面的考虑。

第一，本书分析的农作物对象是水稻，CCAP 的 9 省调查样本中，只有上述 5 个省涵盖水稻生产样本。

第二，江西、广东、江苏、云南和河南 5 省的水稻播种面积占农作物总播种面积的比重由高到低分别代表了中国水稻种植规模的高、中和低三个不同水平，就本书的研究对象——水稻生产而言，样本具有一定的代表性。

第三，这 5 个省份在经济发展水平和地理位置及气候分布上也具有典型的代表性。例如，5 省不仅包括经济比较发达的省份（广东和江苏），而且包括了经济发展水平较一般的省份（河南、江西和云南）。从地理位置和气候分布来看，位于华中和华南地区的江西、江苏和广东相比位于华中的河南和西南的云南而言，气候更加湿润，降水相对更多，能够反映出不同流域分布和气候的差异。

本书分析的最终样本共包括 5 个省、25 个县、75 个乡镇、225 个村、2252 个农户，其中水稻生产样本户为 1653 个。农户样本构成一个包含两年（正常年和受灾年）的面板数据集。表 3.2 报告了 5 省水稻农户和地块样本的分布。

表 3.2　5 省水稻生产合计样本

样本	总样本量	比例/%
总稻农户	1653	100
遭受旱灾的稻农户	693	42
遭受洪涝灾的稻农户	960	58
水稻地块总数	3754	100
遭受旱灾的水稻地块	1449	39

续表

样本	总样本量	比例/%
遭受洪涝灾的水稻地块	2305	61
早稻地块总数	1349	36
遭受旱灾的早稻地块	530	14
遭受洪涝灾的早稻地块	819	22
中稻地块总数	950	25
遭受旱灾的中稻地块	394	10
遭受洪涝灾的中稻地块	556	15
晚稻地块总数	1455	39
遭受旱灾的晚稻地块	525	14
遭受洪涝灾的晚稻地块	930	25

资料来源：根据 CCAP 2012 年的调查统计

3.2.3　政府部门统计的农业生产和气象数据

为研究气候的长期变化对水稻生产的影响，本书还将使用来自统计部门的农业生产和气象观测数据。

农业生产数据主要包括全国和各地区的年度水稻单产、水稻总产量、水稻播种面积、农作物总播种面积、农作物受灾面积、农作物成灾面积等。除特殊说明外，这些数据的时间跨度为 1950～2010 年。

气象观测数据包含两套：第一套是分县的月气温数据和月总降水数据；第二套是分县的帕默尔干旱指数（Palmer drought severity index，PDSI）数据，样本中使用的帕默尔干旱指数表示气候的湿润程度，根据刘巍巍等（2004），该干旱指数值越低表示干旱程度越大。县月度气温和降水数据集涵盖了 1983～2012 年全国主要稻作区月度气象数据，具体气象指标包括极端最高温、极端最低温、平均气温和降水量。县干旱指数数据则是基于县月度气温和降水数据，同时结合中国科学院南京土壤研究所的中国土壤田间持水量数据采用插值方法计算得到。这两套数据可以帮助分析气候的长期变化对水稻生产的影响。需要说明的是，中国国家气象局基本气象站观测的地面气候资料月值数据集来自 756 个长期气象数据记录站点，除此之外其他各县的气象数据采用气象插值方法计算得到。

3.2.4　对数据使用的说明

针对每一个具体研究内容，本书分别采用不同的数据集。为分析长期气候和极端气候事件发生的特征及变动趋势，以及这些变动与水稻生产的关系（研究内容一），该部分采用政府部门统计的农业生产和气象观测数据。为实证定量分析气候的长期变化和极端气候事件对中国水稻单产的影响（研究内容二），同时采用了政府部门统计的气象数据和 CCAP 五省实地调查数据。为识别水稻生产中适应气候变化的具体措施（研究内容三）、分析农户的农田管理适应措施采用的决定因素（研究内容四），以及实证评估农户的农田管理措施的实施效果（研究内容五），采用了 CCAP 五省实地调查数据。

3.3　计量经济模型和估计方法

根据研究内容的不同，本书将分别采用不同的计量经济模型和估计策略来定量分析气候变化对水稻单产的影响、农户的农田管理适应措施采用的决定因素以及适应措施的效果。

3.3.1　气候变化对水稻单产的影响研究

在气候变化对农业影响的研究中，被广泛应用的一类结构型模型是如下的生产函数模型：

$$y = f(X, W, L, N) + \varepsilon \tag{3.1}$$

通过式（3.1）的生产函数关系，作物模型能够模拟研究不同生长阶段的天气波动对特定作物生长和发育的影响。从这个角度讲，由于作物模型能够较为完全地考虑作物的整个生长过程，从而有助于具体理解不同要素对作物生产的作用机理（Stockle et al.，2003；Lobell et al.，2013）。然而，相比于其显而易见的优点，作物模型的潜在弱点也不容忽视。批评者认为，由于作物本身生长过程的复杂性和动态性，大量参数需要被设定或假定，这可能导致作物模型的结果很难摆脱潜在的模型误设和参数偏差的争议（Iizumi et al.，2008；Lobell and Burke，2010）。

自然学家采用控制性实验或模拟方法，意在探究各种投入要素与作物产出之间纯粹的生物物理关系。相反，可观察的生产函数反映的是一种经济关系，而不是纯粹的物理关系，因为每种可观察的投入要素暗含了农户对价格和环境反应的决策信息，因而估计的系数具有典型的经济学含义。更重要的是，统计模型估计出的系数往往会被用来作为更高级结构经济模型，比如可计算一般均衡（computable general equilibrium，CGE）分析的参数，以评估其他经济活动的影响。

为克服作物模型和生产函数方法的缺陷，经济学家开展了另一类实证计量经济模型研究——简约式回归模型——用以分析和预测气候变化对农业的经济影响（Mendelsohn et al.，1994；Deschênes and Greenstone，2007；Schlenker and Roberts，

2009；Feng et al.，2012）。该模型的表达形式如下：

$$y = f(W, P, \omega, L, N) + \varepsilon \tag{3.2}$$

之所以现有研究大多数采用模型（3.2）的估计形式，原因在于这些研究缺少必要的生产投入数据。不仅如此，从国内外已有研究来看，多数研究在对模型（3.2）的应用中，往往忽视了对产品和要素价格的控制，由于价格与气候变化具有潜在相关性，因而估计结果仍然难以避免内生性问题。

为克服上述潜在问题，采用生产函数模型（3.1）估计长期气候变化和极端气候事件对水稻单产的影响。由于本书的投入产出数据来自农户调查，因而能够在模型中较好地控制各种投入及其他影响产出的因素。具体计量方程设定如下：

$$Y_{ikt} = \left(W_c^l; W_c^s; E_{ikct}; F_{ikt}; Z_{vt}; L_{ik}; H_{it}; T\right) \tag{3.3}$$

其中，下标 k 表示地块；i 表示农户；v 表示社区（或乡镇）；c 表示县；t 表示年份（正常年和受灾年）。因变量 Y 表示水稻单产；W^l 表示长期气候因素（包括 1983～2012 年的水稻生长季平均气温、生长季总降水、生长季干旱指数等变量）；W^s 用来度量极端气候事件（干旱或洪涝）的发生状况，用“是否为极端气候事件发生年”的虚变量表征；E 表示水稻地块上遭受的自然灾害情况（干旱、洪涝、连阴雨等）；F 表示水稻生产中的常规要素投入（如劳动力、品种、农药、化肥、农业机械等）；Z 表示反映社区水利基础设施条件的变量，主要包括是否有可供灌溉的水库、水坝数量等；L 表示土地特征变量，包括土壤质量、土壤类型等；H 表示农户家庭和个人特征变量，包括家庭财富（用家庭房屋价值表征）、户主性别、年龄和受教育程度等；T 表示年份变量。

上述生产函数结构模型较好地控制了化肥、劳动力、种子和机械等生产投入要素及其他土地因素，能够单独识别出气候和生产管理对单产的贡献。尤其是，通过控制化肥投入变量，可以在一定程度上控制 CO_2 肥料效应。

3.3.2 农户的农田管理适应措施采用的决定因素

国内外研究进展中已经提到，在已有探究非洲地区农户适应气候变化的研究中，政府预警信息提供和抗灾政策、家庭成员特征、土壤特征等被认为是影响农户适应决策的重要因素。

具体而言，借鉴已有研究成果，分别构建如下计量经济模型来识别农户灌溉措施采用[模型（3.4）]和补种（苗）措施采用[模型（3.5）]的决定因素：

$$\mathrm{IG}_{ikt} = f\left(W_{ct}^d; Z_{vt} \times W_{ct}^d; W_{ct}^f; L_{ik}; H_{it}; T; P; \mathrm{IV}_{vt}\right) \tag{3.4}$$

$$\mathrm{RS}_{ikt} = f\left(W_{ct}^d; W_{ct}^f; L_{ik}; H_{it}; R_v; T; P; \mathrm{IV}_{vt}\right) \tag{3.5}$$

模型（3.4）和模型（3.5）的各下标符号定义与模型（3.3）完全相同。模型（3.4）中，因变量 IG_{ikt} 代表农户 i 在地块 k 上的灌溉强度（次数），它是一个离散变量。模型（3.5）中，因变量 RS_{ikt} 代表农户 i 在地块 k 上是否采取补种（苗）措施，它是一个二值虚变量。与模型（3.3）不同的是，模型（3.4）和模型（3.5）中将极端气候事件虚变量 W^s 具体定义为两个虚变量：是否发生旱灾虚变量 W_{ct}^d 和是否发生洪涝灾虚变量 W_{ct}^f。式（3.4）中的交叉项可以用来分析农田水利基础设施在抵御对灌溉影响上的效果。此外，新增加的一个 IV_{vt} 变量，用来表征政府的抗灾政策和技术服务，它们会影响农户的适应措施采用。在模型（3.4）中，IV_{vt} 表示地方政府的抗灾资金支持；在模型（3.5）中，IV_{vt} 表示政府灾害预警信息服务，该变量相对于农户生产决策而言可以认为是外生的，对于本书在第 8 章评估适应措施的效果非常重要；R_v 表示社区抗灾技术服务情况；P 表示省虚变量，用来控制随时间不变的地区效应。模型（3.4）中其他变量的定义与模型（3.3）相同。

3.3.3　农户农田管理措施的实施效果

基于两年面板数据建立计量经济模型，采用固定效应和工具变量估计方法，定量识别农户的农田管理措施对水稻单产的边际影响。针对农户的灌溉和补种（苗）措施，具体的计量经济模型分别设定如下：

$$y_{ikt} = f(IG_{ikt}; W_{ct}^d; Z_{vt} \times W_{ct}^d; W_{ct}^f; E_{ikt}; F_{ikt}; H_{it}; L_{ik}; T; P) \tag{3.6}$$

$$y_{ikt} = f(RS_{ikt}; W_{ct}^d; W_{ct}^f; E_{ikt}; F_{ikt}; H_{it}; L_{ik}; R_v; T; P) \tag{3.7}$$

模型（3.6）和模型（3.7）分别用来评估灌溉和补种（苗）措施对水稻单产的影响。所有变量和符号的定义分别与模型（3.4）和模型（3.5）一一对应。值得注意的是，要通过模型（3.6）和模型（3.7）一致地估计出农田管理措施采用的效果，面临一个重要挑战，即这些适应措施变量可能是内生的。由于一些不可观测因素（比如水质量）影响农户适应措施采用但同时也决定水稻产出，因此该遗漏变量问题导致的内生性可能使得模型无法一致性地估计出适应措施效果。

幸运的是，模型（3.4）和模型（3.5）分别为一致地识别灌溉和补种（苗）措施效果提供了基础。根据 Di Falco 等（2011）的一项研究，政府适应气候变化相关的抗灾政策和灾害预警信息服务是适应措施较为有效的工具变量。为此，本书将分别结合模型（3.4）和模型（3.6）、模型（3.5）和模型（3.7），采用两阶段最小二乘法（two stage least squares，2SLS）工具变量估计方法识别农田管理措施的效果。当然，在后文具体的模型识别中，将会进一步诊断工具变量的有效性。不过，对于社区层面上的工程类水利基础设施变量 Z（比如是否有水库以及水坝数量等），可以通过模型（3.3）和模型（3.6）识别该工程类措施的效果。

第 4 章　气候变化与中国水稻生产

本章主要基于政府部门统计的农业生产和气象观测数据，对中国水稻生产变化以及长期气候变化和极端气候事件发生的特征及变动趋势进行描述性统计分析，以便从总体上了解气候变化与中国水稻生产的关系，阐明中国水稻生产面临的潜在气候变化风险。为此，接下来本章首先分别从空间和时间两个维度，对中国水稻生产的地域分布情况和水稻产出的动态变化特征进行描述统计分析；其次对 1983～2012 年的年平均气温和年平均总降水的变化趋势、极端气候事件的发生及其与水稻单产的关系进行描述；最后是简要总结。

另外，本章对“长期气候”和“极端气候事件”的定义和区别进行了简要说明。基于第 2 章对“气候”和“天气”的定义及对国内外相关研究的梳理，本书中的“长期气候”定义为多年（一般为 30 年）(IPCC，2007a）的平均天气（比如平均气温或降水)，“极端气候事件”定义为短期天气变异或由此形成的严重自然灾害（比如干旱、洪涝、风暴潮、冰冻等)。

4.1　中国水稻生产情况

4.1.1　中国水稻生产的分布

中国水稻种植分布区域以南方为主，南方稻区约占全国水稻播种面积的 94%，其中长江流域水稻面积已占全国的 65.7%，北方稻作面积约占全国的 6%。图 4.1 显示了全国各省区市早、中和晚稻播种面积。具体来看，水稻播种面积最大的前 10 个省区分别为湖南、江西、黑龙江、安徽、江苏、广西、湖北、四川、广东和云南，大部分位于中国南方地区。

从生态区域来看，全国水稻耕作区又可分为华南双季稻区（Ⅰ)、华中双季稻区（Ⅱ)、西南高原单双季稻区（Ⅲ)、华北单季稻区（Ⅳ)、东北单季稻区（Ⅴ）以及西北单季稻区（Ⅵ）共六个生态区，播种面积分别占全国水稻总面积的 18%、68%、8%、3%、2.5%和 0.5%。

从耕作制度来看，全国各地水稻播种面积存在较大差异。根据图 4.2，2010 年全国共有 10 个省区种植早稻，并且这些省份全部分布在南方，其中江西、湖南、广西、广东和湖北等 5 省区是全国早稻播种面积最大的地区，5 省区早稻播种面积占

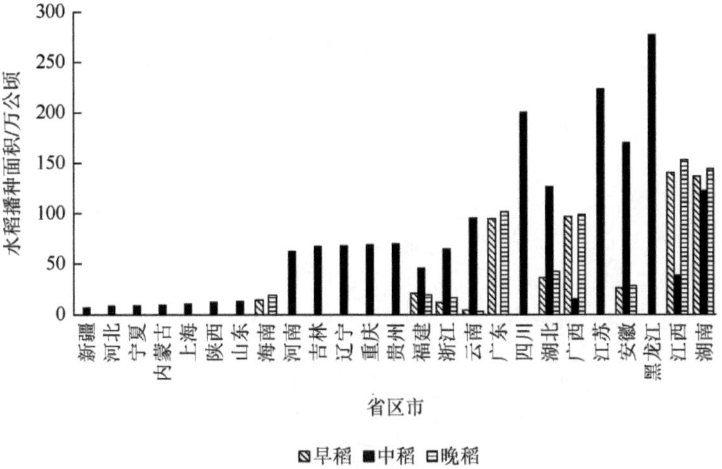

图 4.1　全国各省区市水稻（早稻、中稻、晚稻）播种面积（2010 年）

资料来源：《中国农业年鉴》

一季晚稻记入中稻，晚稻指双季晚稻。青海没有统计数据，北京、山西、西藏、甘肃和天津因为播种面积太小，没有报告在该图中

全国水稻播种面积的 86.7%。中稻及一季晚稻生产分布在除广东、海南和青海以外的全国各地（图 4.3），其中黑龙江、江苏、四川、安徽、湖北、湖南、云南和贵州等 8 个省是中国中稻和一季晚稻播种面积最大的省份，8 省中稻和一季晚稻播种总面积占全国水稻总播面的 71.9%；双季晚稻生产主要分布在南方 12 个省区，与早稻地域分布相近（图 4.4）。

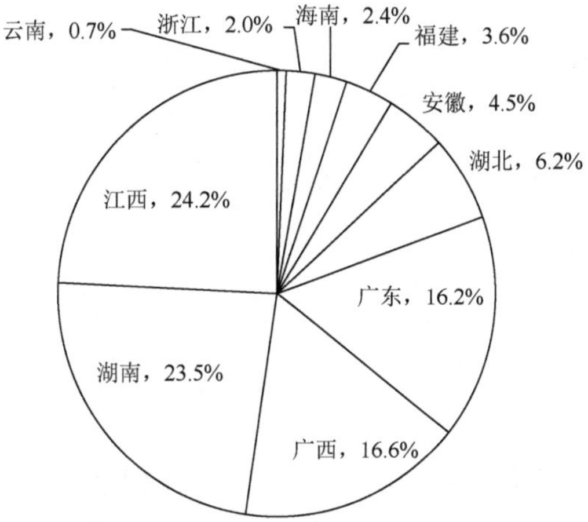

图 4.2　主要稻作区早稻播种面积占全国水稻总播种面积比例（2010 年）

资料来源：作者根据《中国农业年鉴》原始数据计算得到

小计数字的和可能不等于总计数字 100%，是因为有些数据进行过舍入修约

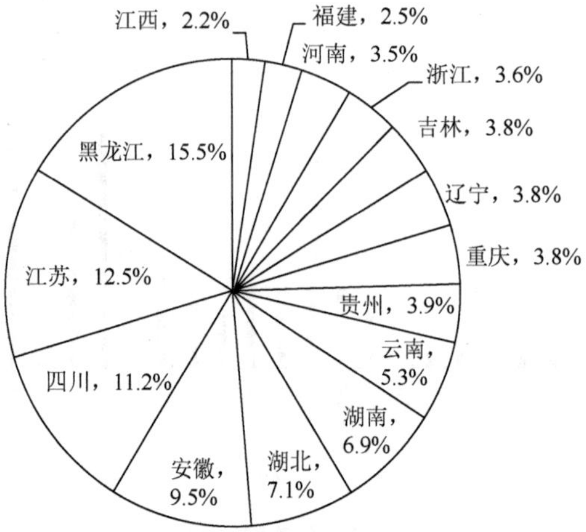

图 4.3　主要稻作区中稻播种面积占全国水稻总播种面积比例（2010 年）

资料来源：作者根据《中国农业年鉴》原始数据计算得到

小计数字的和为 95.1%，是因为该图只报告了主要稻作区的数据，从图 4.1 可知，除上述省份外，还有新疆、河北、宁夏、内蒙古、上海、陕西、山东、广西也种植中稻，但因种植比例较小，因而未纳入该图统计中

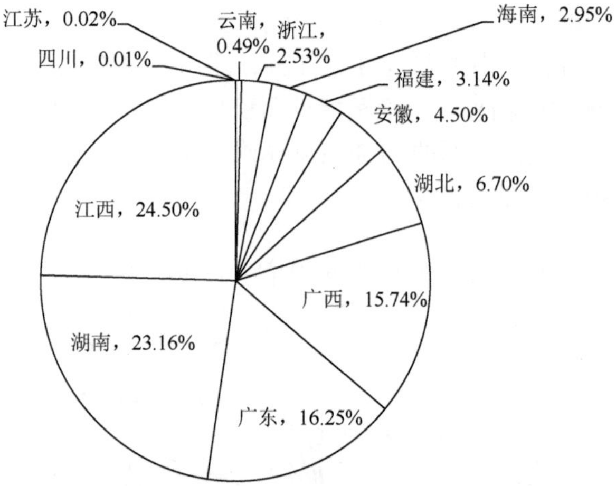

图 4.4　主要稻作区晚稻播种面积占全国水稻总播种面积比例（2010 年）

资料来源：作者根据《中国农业年鉴》原始数据计算得到

小计数字的和可能不等于总计数字 100%，是因为有些数据进行过舍入修约

从水稻产量贡献来看（图 4.5），水稻产量占全国水稻总产量比重最高的 5 个省分别是湖南、江西、黑龙江、江苏和湖北，这与水稻播种面积的分布大致是一致的。可以发现，2010 年水稻产量最高的 5 个省分别贡献了全国总产量的 12.8%、9.5%、9.4%、9.2%和 8.0%。

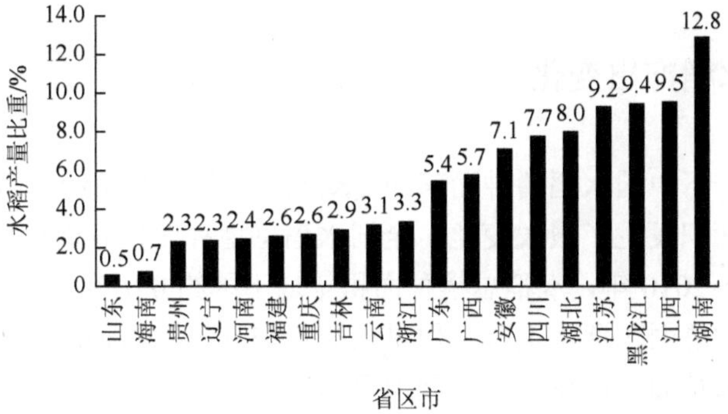

图 4.5　主要稻作区的水稻产量占全国水稻总产量比重分布（2010 年）

资料来源：作者根据《中国农业年鉴》原始数据计算得到

图 4.6 从水稻播种面积占农作物总播种面积比重的角度，报告了水稻种植在各省区市的分布特征，以便了解水稻种植在各省区市的重要程度。结果发现，相比水稻产出贡献的排名，按照水稻播种面积占农作物总播种面积的比重来看，水稻作物在各省区市的重要性排名出现了新的变化。其中，江西省的水稻播种面积比重在全国排第一位，水稻播种面积占全省农作物总播种面积的比重达到了 61%，其次分别是湖南、广东、海南、福建、浙江和广西，其比重分别为 49%、43%、39%、38%、37%和 36%。

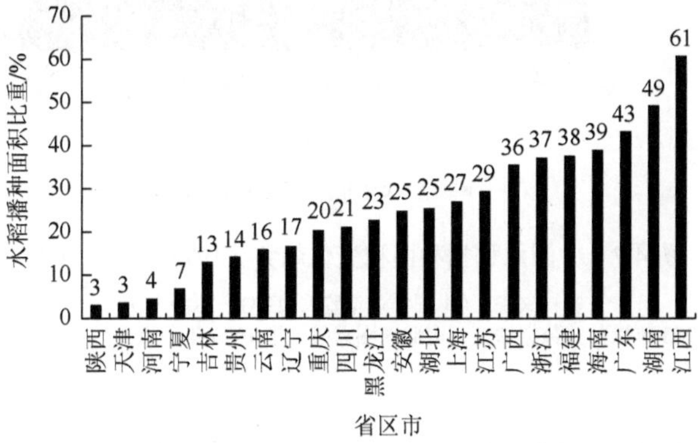

图 4.6　主要稻作区的水稻播种面积占全国水稻总播种面积比重分布（2010 年）

资料来源：作者根据《中国农业年鉴》原始数据计算得到

根据图 4.5 和图 4.6，无论是从水稻产量贡献还是其重要程度来看，本章的 5 个样本省（江西、广东、江苏、云南和河南）以中国南方地区为主，同时兼顾北方地区，从而能够较好地反映不同稻区的气候和地区特征，具有一定的代表性。

4.1.2　中国水稻产出变化

首先观察一下中国水稻播种面积的变动趋势。图 4.7 显示，1973～2010 年，中国水稻播种面积发生了很大变化，全国水稻总播种面积表现出比较明显的下降趋势：在 1973～2010 年，水稻总播种面积年均下降约 0.62%。尽管同时期的中稻和一季晚稻播种总面积逐步上升，但早稻和双季晚稻的播种总面积均显著下降。此外，水稻总播种面积的变化在不同地区的表现也不一致。具体表现为传统水稻主产区的南方区、长江中下游区水稻播种面积减少较多，而东北区水稻播种面积则出现较大幅度的增长（钟甫宁和刘顺飞，2007）。由于东北区水稻生产的气候条件不及南方地区，这种生产布局的区域变迁可能会扩大水稻产量的年际间波动。

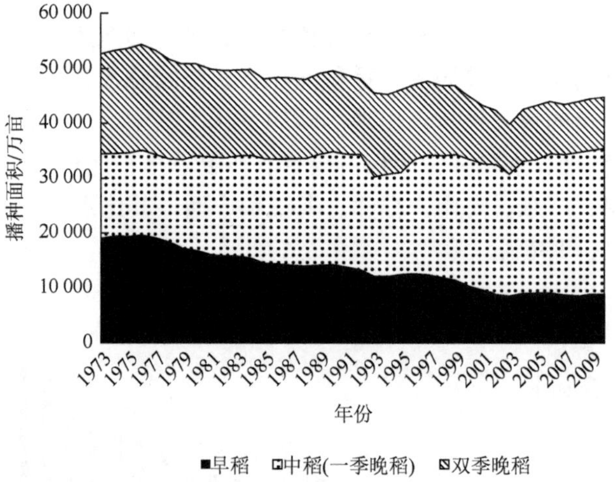

图 4.7　中国水稻播种面积变化趋势（1973～2010 年）

资料来源：《中国农业年鉴》（1973～2010 年）

因中稻和晚稻 1973 年以前的数据缺失，因此该图只统计了 1973 年之后的数据；1 亩≈666.7 平方米

图 4.8 报告了中国 1973～2010 年的水稻总产量变化趋势。总体上来看，全国水稻总产量呈现增长趋势，但这部分增长主要依赖中稻（一季晚稻）产量的增长，早稻和双季晚稻产量呈现下降趋势。不同生长季水稻总产量的不同变化趋势，可能源于气候、品种等因素导致的种植制度的调整。

图 4.9 解释了中国水稻总播种面积下降但总产量上升的原因：中国水稻单产表现出明显的上升趋势。这意味着，在水稻总播种面积呈现下降趋势的背景下，未来中国水稻产量的增加将主要依赖于水稻单产的增长。

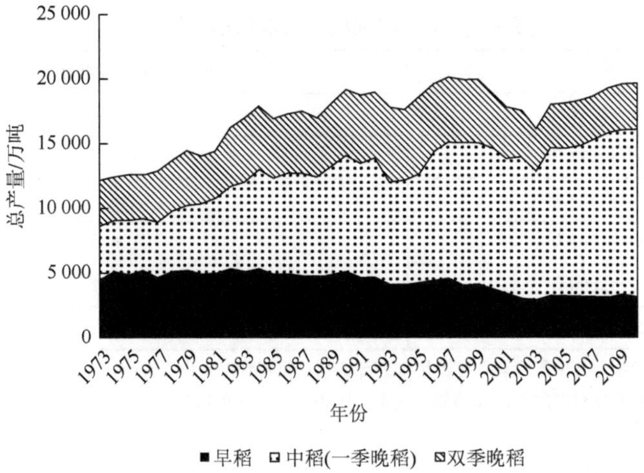

图 4.8　中国水稻总产量变化趋势图（1973～2010 年）

资料来源：《中国农业年鉴》（1973～2010 年）

因中稻和晚稻 1973 年以前的数据缺失，因此该图只统计了 1973 年之后的数据

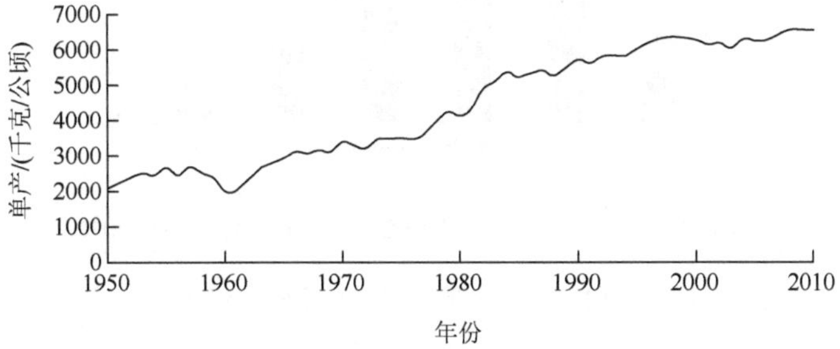

图 4.9　中国水稻单产变化趋势（1950～2010 年）

资料来源：《中国农业年鉴》和《中国统计年鉴》

然而，中国水稻单产增长却面临多方面的挑战。首先，正如表 4.1 所显示的，尽管改革开放之后中国水稻单产增长的波动性呈现降低趋势，但增长并不稳定，在不同时期其波动性仍然变动较大。其中，在 20 世纪 80 年代早期，水稻单产波动出现了较大幅度降低，其原因可能是这个时期农田水利基础设施投资增加。其次，水稻单产在经历 20 世纪 80 年代较快的增长之后，其增长率在随后的 20 年出现了明显的下降趋势。图 4.10 显示，水稻单产增长率从 20 世纪 80 年代的 2.8%下降到 21 世纪前十年的 0.7%。考虑到未来城镇化发展对非农化用地需求的增加，通过土地面积增加来提高水稻播种面积会存在困难，单产增长率的降低趋势加剧了水稻生产的不确定性。

表 4.1　不同时间段中国水稻单产的波动

时间段	水稻单产标准差
1951～1958 年	142
1965～1973 年	165
1974～1982 年	484
1983～1991 年	196
1992～2000 年	237
2001～2009 年	179

资料来源：作者根据《中国农业年鉴》历年统计数据计算得到

注：因三年困难时期引起的产出波动变异太大，1959～1964 年的数据没有纳入统计

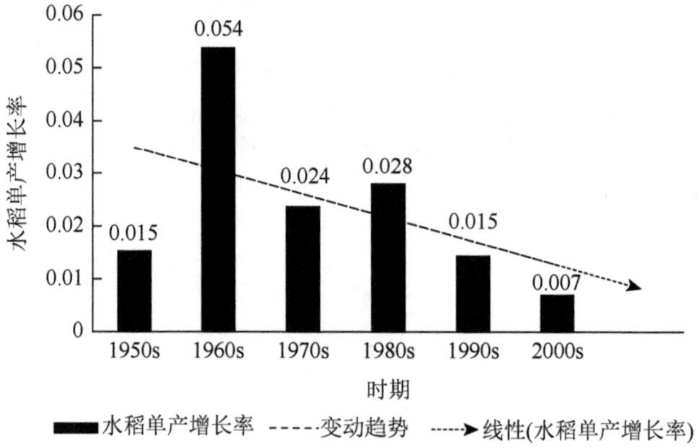

图 4.10　中国水稻单产增长率变化趋势

资料来源：作者根据《中国农业年鉴》历年统计数据计算得到

1950s、1960s、1970s、1980s、1990s、2000s 分别表示 1950～1959 年、1960～1969 年、1970～1979 年、1980～1989 年、1990～1999 年、2000～2009 年

4.2　气候变化与水稻生产

更为重要的是，一旦考虑气候变化的影响，水稻单产增长的挑战变得更为严峻。已有研究表明，气候变化对水稻单产可能具有正面或负面的作用（表 2.7 和表 2.8）。如果影响为负，可能意味着水稻单产提高将面临更大的挑战。

4.2.1　中国长期气候变化特征

首先，中国长期气候变化表现出什么特征呢？图 4.11 反映了 1983～2012 年全国年平均气温的变化趋势。不难发现，全国年平均气温呈现比较明显的上升趋势，

并且在统计上非常显著，这与“中国近 50 年（1950～2000 年）的增温最为明显”（丁一汇等，2006）的结论基本一致。平均来看，年平均气温增长幅度约为 0.0408℃。不仅如此，年平均气温的波动也比较明显，反映出年际间气温变化比较剧烈。

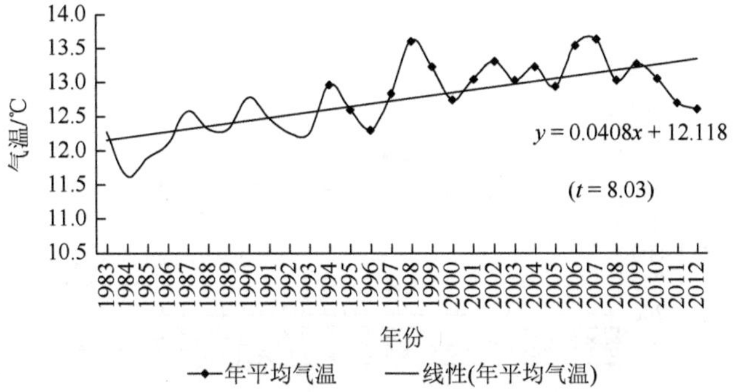

图 4.11 全国年平均气温变化趋势（1983～2012 年）

资料来源：基于中国国家气象局基本气象站观测的地面气候资料月值数据集，采用气象插值方法计算得到，括号中的 t 值为气温与时间回归分析的 t 统计值

进一步地，从不同生长季的气候变化趋势来看，1983～2012 年的全国年度平均气温依然呈现统计显著的上升趋势。图 4.12 显示，4 月到 7 月期间的年度平均气温增长幅度约为 0.0443℃（$y = 0.0443x + 18.843$），5 月到 9 月期间的年度平均气温增长幅度约为 0.0386℃（$y = 0.0386x + 20.849$），6 月到 10 月期间的年度平均气温增长幅度约为 0.0396℃（$y = 0.0396x + 19.942$）。结合水稻不同生长季表现特征，可以发现早稻生长季平均气温较低，而中稻生长季平均气温较高。

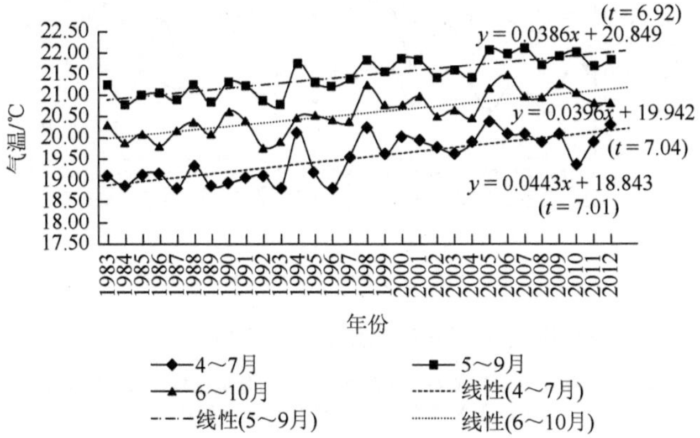

图 4.12 全国不同生长季年平均气温变化趋势（1983～2012 年）

资料来源：基于中国国家气象局基本气象站观测的地面气候资料月值数据集，采用气象插值方法计算得到，括号中的 t 值为气温与时间回归分析的 t 统计值

相比于平均气温比较明显的变化趋势而言，全国年度平均总降水的变化趋势并不明显。图 4.13 显示，全国年平均降水总量的变化略微呈现下降的趋势，但下降幅度较小。不过，年平均降水总量的波动比较大，意味着长期降水量的年际变化比较剧烈。

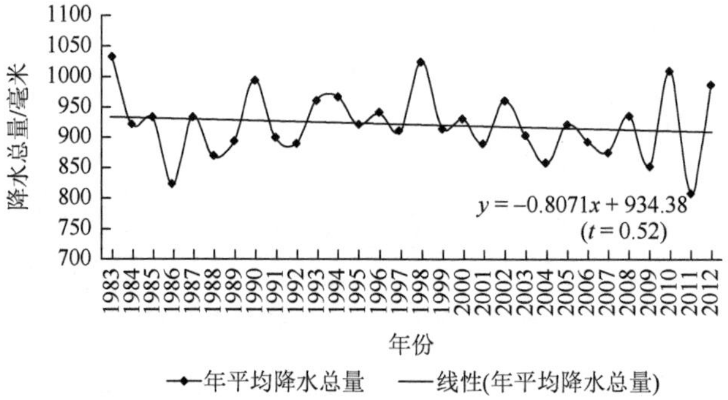

图 4.13　全国年平均降水总量变化趋势（1983～2012 年）

资料来源：基于中国国家气象局基本气象站观测的地面气候资料月值数据集，采用气象插值方法计算得到，括号中的 *t* 值为降水与时间回归分析的 *t* 统计值

图 4.14 同样报告了不同生长季的年平均总降水变化趋势。结果显示，降水在不同生长季的变化趋势依然不明显。整体来看，全国主要降水集中于 5～9 月这一生长季，相比之下，4～7 月生长季的降水会比较少。

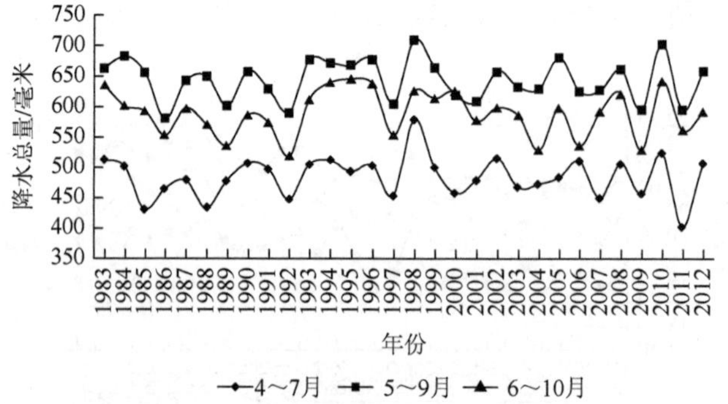

图 4.14　全国不同生长季年平均总降水变化趋势（1983～2012 年）

资料来源：基于中国国家气象局基本气象站观测的地面气候资料月值数据集，采用气象插值方法计算得到，括号中的 *t* 值为降水与时间回归分析的 *t* 统计值

根据上述分析，长期气温和降水的变化均表现出较大的年际波动性特征。由于气温和降水是影响水稻生产的重要因素，长期气候变化的变动趋势一方面直接

影响水稻生产，另一方面也会影响市场价格。无论是单产变化的波动，还是水稻市场价格波动，均增加了水稻生产的风险。

4.2.2　极端气候事件与水稻生产

已有研究表明，长期气候变化可能影响极端气候事件的发生（Karl and Knight，1998；龚道溢，1999）。比如，龚道溢（1999）就气候变暖与中国夏季洪涝灾害风险的研究发现，随着全球气候变暖，我国东部地区降水异常事件增加，洪涝灾害风险也相应上升。以此而论，长期气候变化及其相关的极端气候事件发生，可能共同影响水稻生产。

从过去多年的历史统计数据来看，极端气候事件发生趋势逐步增加，因此而导致的自然灾害对农业生产的影响也不断加剧。表 4.2 显示了基于中国农作物受灾率计算的不同灾害（包括干旱、洪涝、冰雹、台风等）出现次数和总频率的变化趋势。[①]可以发现，从 20 世纪 50 年代以来，农作物受灾频率不断上升，特别是出现大灾害以上的频率表现出增长的趋势。这表明 1950～2009 年各种自然灾害发生的频率在加快，灾害的程度也趋于严重。

表 4.2　不同程度灾害发生次数和总频率

时间	中灾（26%～30%）	大灾（31%～35%）	重灾（36%～40%）	特大灾（≥41%）	总数次	总频率/%
1950～1959 年		1			1	10
1960～1967 年	1			2	3	37.5
1970～1979 年	4	2			6	60
1980～1989 年	2	5			7	70
1990～1999 年	1	7	2		10	100
2000～2009 年	4	4	1		9	90

资料来源：作者根据《中国统计年鉴》和《新中国六十年统计资料汇编》原始数据计算

针对水稻作物而言，统计资料显示，因各种极端气候事件造成的中国水稻减产数量也不断上升。图 4.15 报告了平均每年因干旱和洪涝灾害导致的中国水稻减产数量[②]，其中反映出两个重要问题。第一，水稻因灾减产数量表现出明显增长的

① 受灾率是指受灾面积占农作物总播种面积比例，总频率是指中灾及以上总次数除以样本年数的百分比。采用胡鞍钢（1998）的统计方法，本书定义受灾率在 26%～30%为中灾，31%～35%为大灾，36%～40%为重灾，大于等于 41%为特大灾。

② 每年因灾害水稻减产量计算方法：当年水稻单产乘以水稻成灾面积（成灾面积×水稻播种面积÷农作物总播种面积）再乘以 30%。由于没有计算其他受灾面积的损失量，实际损失量依然可能高于作者计算数。在此基础上，可以进一步计算因灾害水稻减产损失率，即水稻减产量占水稻总产量的比重。

趋势；第二，长期来看，旱灾对水稻产量的影响幅度和导致水稻产量损失的增长率均要高于洪涝灾。

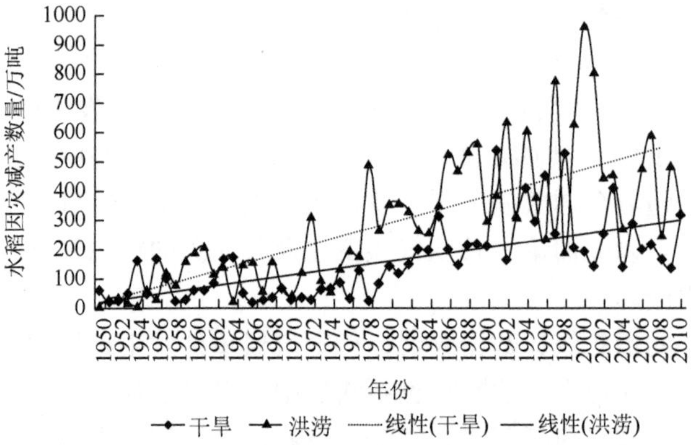

图 4.15 中国平均每年因干旱和洪涝灾害导致的水稻减产数（1950～2010 年）

资料来源：作者根据《中国水旱灾害公报 2011》、《中国统计年鉴》和《新中国六十年统计资料汇编》的原始数据计算而得

进一步计算水稻因灾减产损失率的变化趋势表明，无论是干旱还是洪涝灾害的发生，均导致水稻产量损失率呈现上升的趋势（图 4.16）。因此不难判断，面对旱灾和洪涝等极端气候事件的影响，无论是水稻产量损失的绝对数还是损失率均表现出增长趋势，这也意味着水稻生产所面临的气候变化风险逐渐增大。

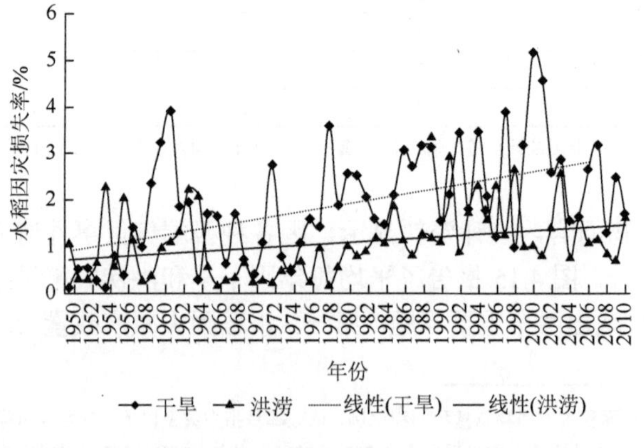

图 4.16 中国平均每年因干旱和洪涝灾害导致的水稻产量损失率（1950～2010 年）

资料来源：作者根据《中国水旱灾害公报 2011》、《中国统计年鉴》和《新中国六十年统计资料汇编》的原始数据计算而得

4.3　本章小结

作为中国最重要的口粮作物，水稻生产对于保障中国食物安全具有重要意义。本章分析表明，在 1983～2012 年中，中国的水稻生产呈现出波动增长的特征。中国水稻总播种面积表现出下降的趋势，意味着水稻生产主要依赖于单产的增长。然而，长期气候变化和极端气候事件的变动给水稻单产增长带来了巨大挑战，加剧了中国水稻生产面临的风险。

对中国长期气候变化和极端气候事件发生的描述性统计分析表明，长期气温在统计上呈现显著的上升趋势，长期降水量表现出略微下降的趋势，但统计上并不显著；平均气温和平均总降水均表现出较大的波动性特征。极端气候事件（干旱和洪涝）的发生频率呈现增多的趋势，特别是极端干旱和洪涝事件的发生，与中国水稻生产损失具有较强的相关性。如果未来极端气候事件发生频率增加，可能会进一步加大水稻单产的波动性。

紧接着需要回答的问题是：气候变化到底对水稻单产产生了什么样的影响？实证定量评估气候变化对水稻单产的边际影响，无疑有助于更好地理解气候变化风险，并为研究和制定有效的适应策略提供实证依据。不过，水稻单产的变动除了受气候变化的影响外，同时还受各种常规生产投入要素、水利基础设施条件、土壤质量等众多因素的影响。如何从众多因素中识别气候变化对水稻单产影响的贡献成为研究的一大挑战。

第 5 章　气候变化对水稻单产的影响

5.1　简 要 背 景

第 4 章就长期气候和极端气候事件发生的特征及变动趋势，以及这些变动与中国水稻生产的关系进行了描述性统计分析。但是，上述描述性统计仅仅反映了气候变化和水稻单产之间的简单相关关系。由于水稻生产的变动除了受气候变化的直接影响外，还会受到各种生产投入要素（比如品种、劳动力、化肥、农药、机械等）、土壤质量、地形条件以及农田水利基础设施等众多因素的影响。如果不能有效控制这些因素的干扰，很难单独识别出气候变化对水稻单产的边际效应。

本章的目的是，通过控制影响水稻生产的各种潜在因素，实证定量评估气候变化对中国水稻的长期（气温、降水等）和短期（极端气候事件）影响。为此，以下各部分内容安排如下：5.2 节介绍本章所用的样本和数据，5.3 节对样本区长期气温和降水的变化趋势以及极端气候事件的发生进行统计描述，5.4 节建立具体的计量经济模型，定量分析长期气候变化和极端气候事件对不同生长季水稻单产的影响，5.5 节报告估计结果，5.6 节是本章小结。

5.2　样本和数据

本章使用的数据来自政府部门统计的气象观测数据和 CCAP 5 省水稻生产实地调查数据。气象数据包括 5 个水稻生产省中 25 个县的 1983～2012 年的各年月度平均气温、总降水和干旱指数；实地调查数据涵盖 5 省中的 1653 个水稻生产农户共 3754 个水稻地块（早稻、中稻和晚稻）的样本信息。接下来对长期气候变量和极端气候变量的设计以及其他控制变量进行说明。

5.2.1　气候变量

遵循已有研究的设计思路（Mendelsohn et al.，1994；Deschênes and Kolstad，2011），过去多年的平均气候要素可以作为对长期气候变量的测度（前文 2.3.2 部分关于区分“气候”和“天气”的解释中对此进行了说明）。具体而言，采用农户所在县 1983～2012 年的水稻生长季平均气温、生长季平均累积降水量以及生长季平均干旱指数来衡量气候的长期变化。其中，按照样本区物候特征，早稻、中稻和晚稻的生长季分别为 4～7 月、5～9 月和 6～10 月。[①]由于长期气候变化可以认为在短期是不变的，因此，长期气候变量随当前年份（正常年和受灾年）不变，只在空间上存在变异性。这也意味着，长期气候变化对水稻的影响是通过横截面差异而识别的。

对长期气候变量的设计有两点说明。第一，由于这些气候变量可能存在多重共线性问题，比如，气温与干旱指数相关。严重的多重共线性问题会增加估计方差，使得单个变量的统计显著性难以被准确识别。因此，将分别考察长期气温和降水变化与干旱变化趋势对水稻单产的影响。第二，尽管生长季不同时期的气温和降水对作物生长的影响不同，但是并没有将生长季所有月度气温和降水包含在模型中，因为月度之间变量的相关性比较强。因此，作为一种折中，用基于水稻整个生长季测度的平均气候因素变量。

本章采用两类变量来测度极端气候事件的发生状况。第一类是前文抽样中定义的县级层面的灾害虚变量：如果过去 3 年的其中一年遭受了异常严重的极端气候事件（干旱或洪涝），那么将该年定义为旱灾年或洪涝灾年，另外相对正常的一年定义为正常年。第二类是一组反映地块层面水稻生长季期间是否受灾的虚变量，这些变量包括水稻生长季是否遭受旱灾、洪涝灾、连阴雨等自然灾害，它们在一定程度上反映了当年短期自然灾害对水稻生产的影响。

5.2.2　其他控制变量

根据生产函数理论，同时与水稻单产和气候变化相关的因素较多，除了气候因素对水稻单产可能产生影响外，农业生产的常规要素投入（比如种子、农药、化肥、机械和劳动力等）、土壤和地形特征、家庭人力资本、地区资源禀赋等均会对水稻产生影响。因而必须尽可能多地在模型中对这些因素加以控制，从而减少潜在的遗漏变量问题。

本研究中的控制变量包括四类：①生产投入要素变量，包括品种、劳动力、化肥、农药和机械等；②人口和家庭统计学特征变量，包括户主年龄、性别、受教育年限、家庭财富等，这些因素构成生产者的人力和物质资本，可能与农户的生产经验和管理能力相关，进而影响产出结果；③土壤特征变量，包括土壤类型、土壤质量；④地区虚变量，用来控制那些农业生产中的非气候性差异，比如土地和水资源法规、制度等。

① 本节是在县级层面上测度不同生长季水稻的气候变量，虽然不同地区农户水稻的具体播种和收获时间存在差异，但是样本地区（县级层面）的差异并不大。

Schlenker 等（2005）强调灌溉地和雨养地的区分在测度降雨对农业影响中的重要作用。对于雨养地作物生产而言，降水能够准确测度作物的灌溉用水量，但是用降水来测度对作物的灌溉用水量是不可信的。因为灌溉地作物用水在很大程度上来自地下水或其他地方的水源，当地降水量显然无法反映该地作物的实际用水量。如果用当地降水量衡量对灌溉地作物的影响，可能会高估实际降水的作用。

本章所用的水稻生产样本基本上来自雨养区，水稻灌溉采用当地地表水占总用水的比例为 89%，因此以当地降雨测度作物实际用水量不会存在太大问题。不过，为稳妥起见，本章依然引入了一组反映社区水利灌溉基础设施的变量，包括社区是否有可以直接用来灌溉的水库、水坝等水利基础设施，从而更准确地识别降水的作用。表 5.1 总结了本章所有变量的描述性统计结果。

表 5.1　所有变量的描述性统计

变量	早稻		中稻		晚稻	
	均值	标准差	均值	标准差	均值	标准差
水稻单产/(千克/公顷)	5030.9	1826.9	6671.3	1800.2	5508.4	1828.5
生长季平均气温/℃	24.514	0.960	24.839	1.449	25.761	1.304
生长季平均总降水量/毫米	983.4	110.0	867.3	116.6	955.9	244.2
生长季平均干旱指数	0.086	0.092	0.085	0.196	−0.001	0.206
是否发生干旱（1 = 是；0 = 否）	0.196	0.397	0.207	0.406	0.180	0.385
是否发生洪涝（1 = 是；0 = 否）	0.304	0.460	0.293	0.455	0.320	0.466
地块是否遭受旱灾（1 = 是；0 = 否）	0.178	0.382	0.201	0.401	0.209	0.407
地块是否遭受洪涝灾（1 = 是；0 = 否）	0.382	0.486	0.272	0.445	0.239	0.427
地块是否遭受连阴雨（1 = 是；0 = 否）	0.047	0.212	0.031	0.174	0.047	0.212
劳动力投入/(日/公顷)	128.1	170.7	106.0	110.4	135.6	179.2
是否采用晚熟品种（1 = 是；0 = 否）	0.042	0.201	0.123	0.329	0.130	0.337
是否采用抗旱品种（1 = 是；0 = 否）	0.403	0.490	0.342	0.475	0.414	0.493
是否采用抗涝品种（1 = 是；0 = 否）	0.251	0.434	0.262	0.440	0.307	0.461
农药投入/(元/公顷)	989.6	786.1	1020.4	773.4	1244.1	807.6
农机投入/(元/公顷)	1763.7	978.5	1938.4	1029.6	1762.0	977.2
化肥投入/(千克/公顷)	396.3	148.4	430.0	143.5	398.2	153.9
社区水坝数量/个	1.297	4.143	1.474	3.434	1.229	3.998

续表

变量	早稻		中稻		晚稻	
	均值	标准差	均值	标准差	均值	标准差
社区是否有水库（1 = 是；0 = 否）	0.665	0.472	0.456	0.498	0.620	0.485
户主性别（1 = 男；0 = 女）	0.981	0.138	0.992	0.091	0.979	0.142
户主年龄/岁	53.821	9.636	54.684	9.305	54.054	9.616
户主受教育程度/年	6.778	2.974	6.152	3.302	6.804	2.958
家庭财富/万元	15.064	29.258	13.490	14.473	13.939	27.582
高质量土地（1 = 是；0 = 否）	0.224	0.417	0.216	0.411	0.222	0.416
中等质量土地（1 = 是；0 = 否）	0.644	0.479	0.666	0.472	0.657	0.475

资料来源：CCAP 2012 年调查

注：早稻、晚稻和中稻的样本量（包含正常年和受灾年）分别为 2698、1900 和 2910

5.3　描述性统计分析

5.3.1　长期气候变化趋势与水稻单产

图 5.1 和图 5.2 分别报告了 1983～2012 年 5 省样本区的年平均气温和年平均总降水量变化趋势。与全国水平比较来看，样本区的年平均气温表现出与全国类似的变化趋势。平均而言，样本区的年平均气温在统计上呈现显著的上升趋势，年度平均气温增长幅度约为 0.0351℃。样本区年平均气温为 17.2℃，而全国年平均气温仅为 8.0℃。不过，从年平均总降水量变化趋势来看，不同于全国水平，样本区的降水变化表现出略微下降的趋势，尽管该趋势在统计上依然并不显著。样本区年平均总降水量为 1417.9 毫米，但全国的年平均总降水量只有 922.7 毫米。

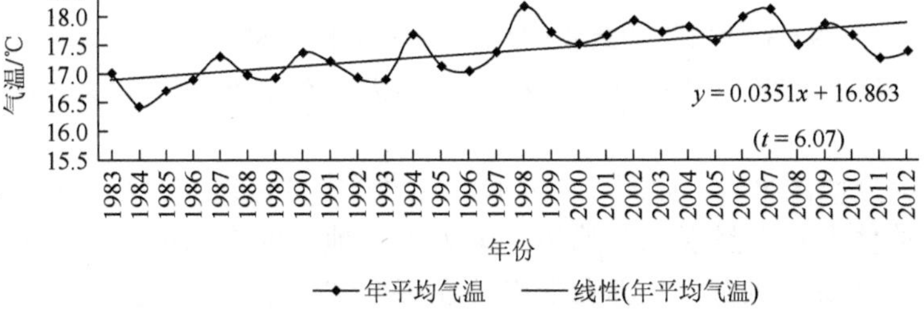

图 5.1　样本区年平均气温变化趋势（1983～2012 年）

资料来源：基于中国国家气象局基本气象站观测的地面气候资料月值数据集，采用气象插值方法计算得到，括号中的 t 值为气温与时间回归分析的 t 统计值

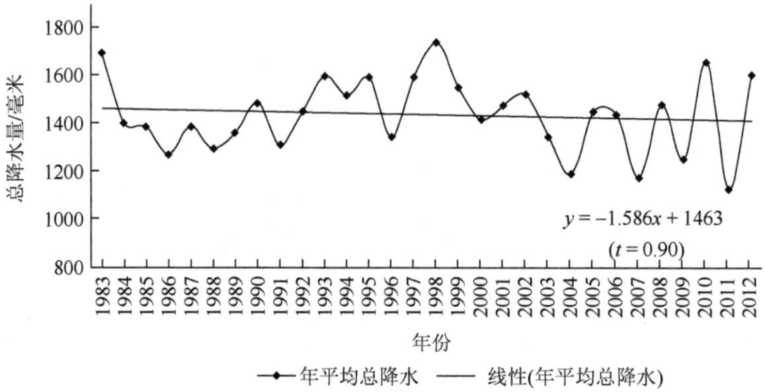

图 5.2　样本区年平均总降水量变化趋势（1983～2012 年）

资料来源：基于中国国家气象局基本气象站观测的地面气候资料月值数据集，采用气象插值方法计算得到，括号中的 t 值为降水与时间回归分析的 t 统计值

图 5.3 进一步显示了样本区长期的帕默尔干旱指数变化趋势。帕默尔干旱指数越大，表明气候越湿润。可以发现，样本区的气候干旱程度表现在统计上呈现显著的上升趋势，这种趋势变化可能与降水增加有关。样本区平均帕默尔干旱指数为–0.098，按照刘巍巍等（2004）的分类标准，样本区气候处于正常区间（大于 1 表示湿润，小于–1 表示干旱）。

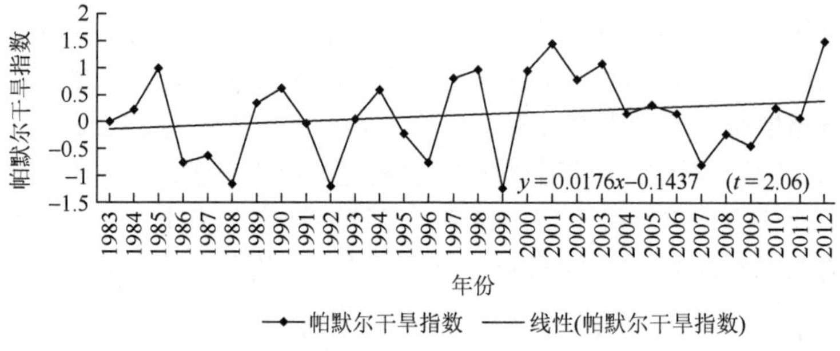

图 5.3　样本区帕默尔干旱指数变化趋势（1983～2012 年）

资料来源：基于中国国家气象局基本气象站观测的地面气候资料月值数据集，采用气象插值方法计算得到

进一步分地区来看，如图 5.4 所示，虽然样本地区之间存在一定的差异，但平均气温总体上依然呈现上升趋势。地处华南地区的广东和长江流域的江西的平均气温明显高于河南、江苏和云南。在每个省内部，各个县（市、区）的气温变化趋势也基本一致。图 5.5～图 5.9 分别报告了不同样本省分县（市、区）的降水变化趋势。不过，相比气温变化趋势而言，样本地区之间的降水量变化差异比较大。比如，江西省的降水量表现为略微上升，而云南省的降水量则表

现为下降趋势。各样本省份的帕默尔干旱指数变化趋势，除云南外，基本上表现为上升趋势（图 5.10）；云南独特的变化显示该地区长期的干旱程度逐渐增加。

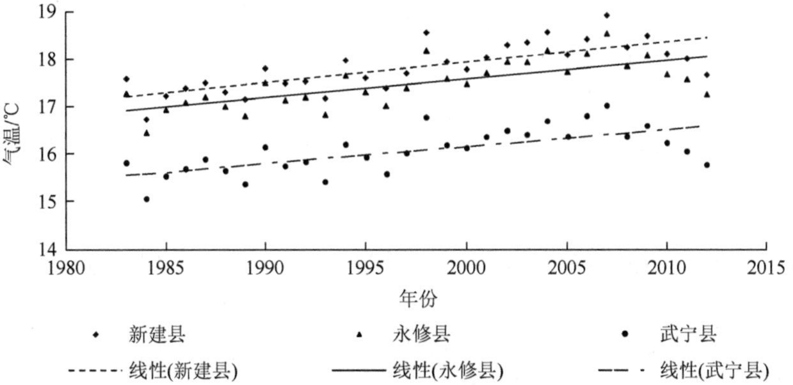

(a) 江西省分县气温变化趋势

2015年，撤销新建县，设立新建区

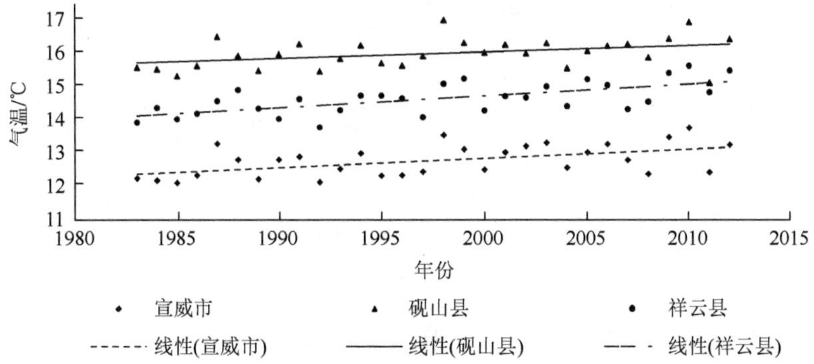

(b) 云南省分县(市)气温变化趋势

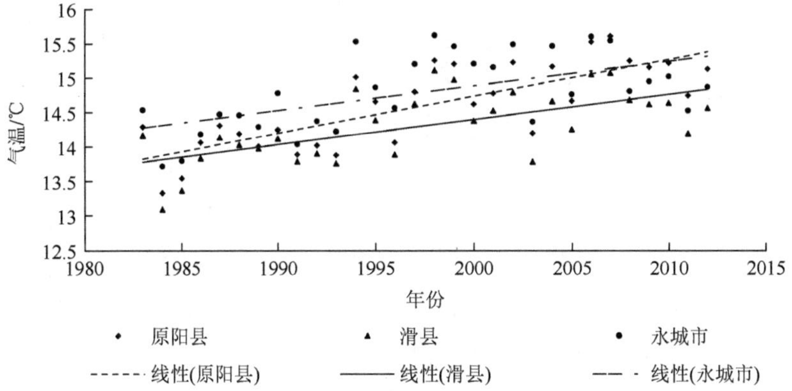

(c) 河南省分县(市)气温变化趋势

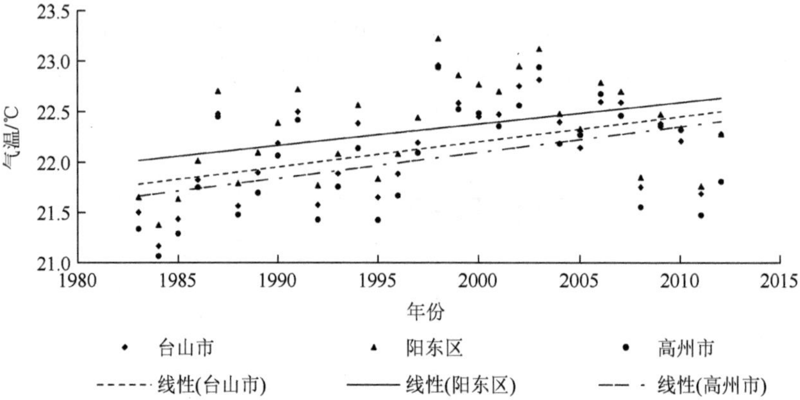

(d) 广东省分县(市、区)气温变化趋势

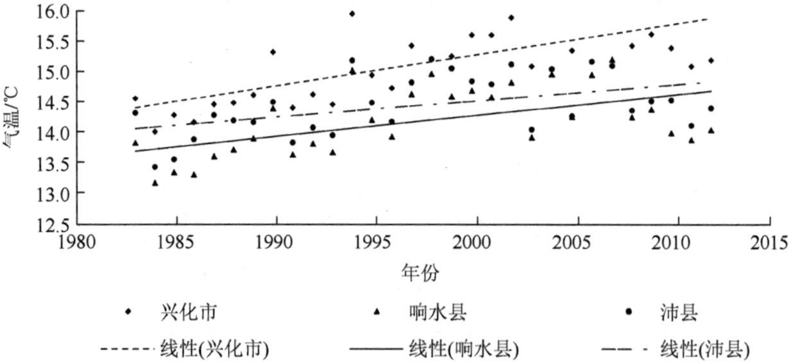

(e) 江苏省分县(市)气温变化趋势

图 5.4　样本区分县（市、区）的气温变化趋势（1983～2012 年）

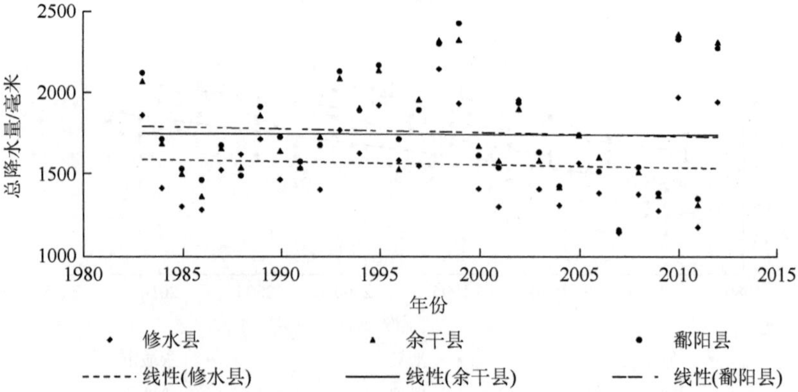

(a)

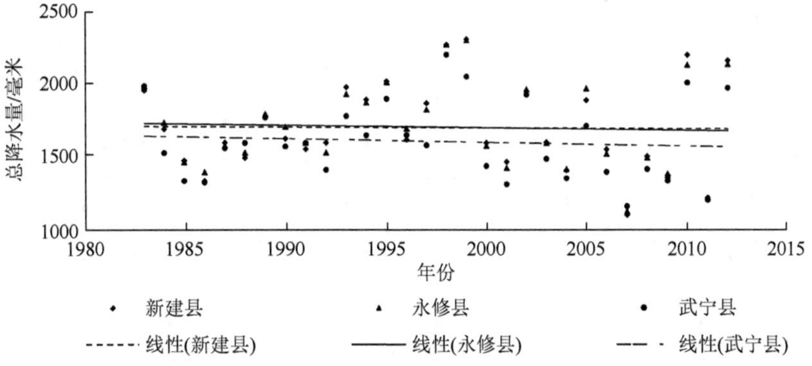

(b)

图 5.5　江西省分县的降水变化趋势（1983～2012 年）

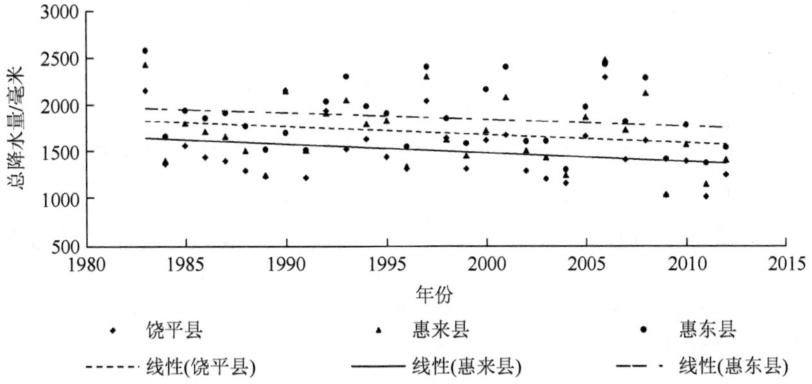

(a)

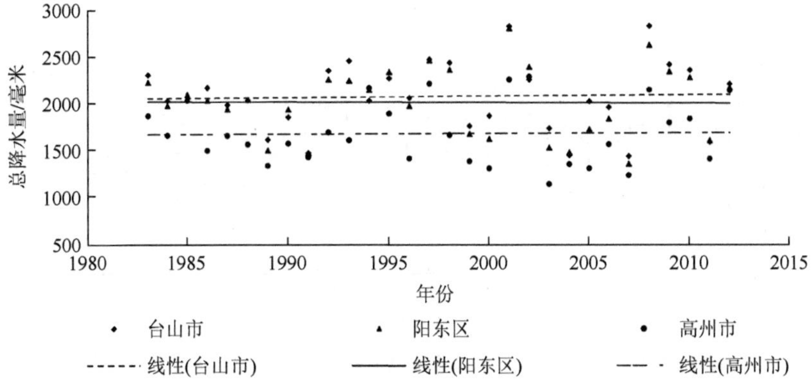

(b)

图 5.6　广东省分县（市、区）的降水变化趋势（1983～2012 年）

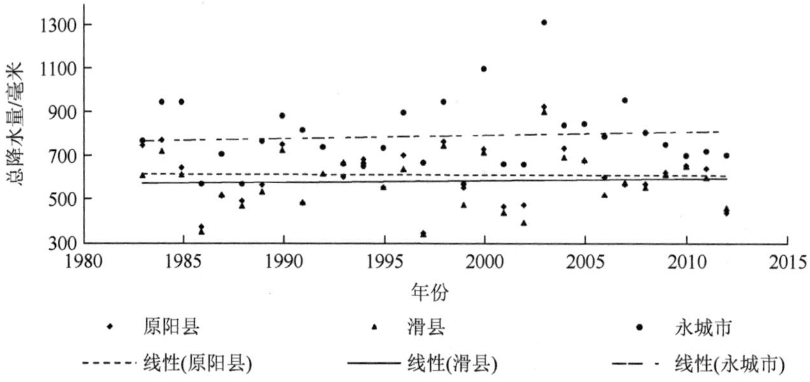

图 5.7　河南省分县（市）的降水变化趋势（1983～2012 年）

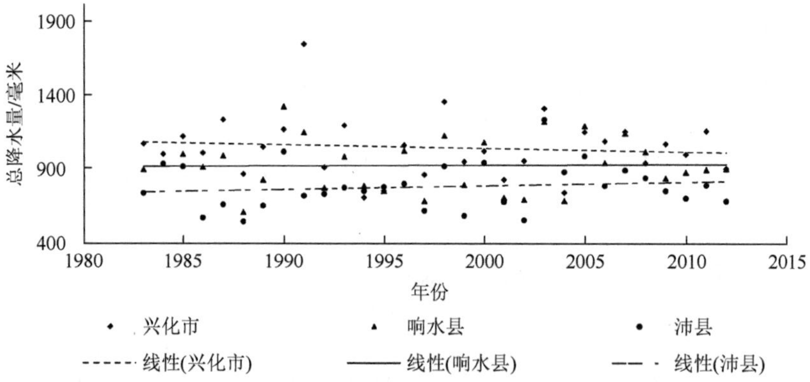

图 5.8　江苏省分县（市）的降水变化趋势（1983～2012 年）

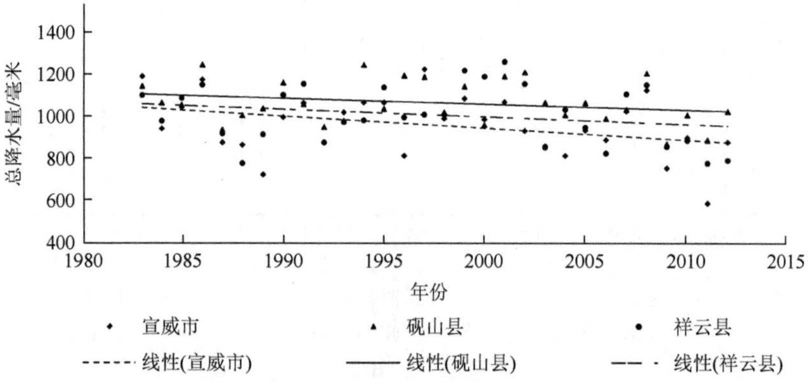

图 5.9　云南省分县（市）的降水变化趋势（1983～2012 年）

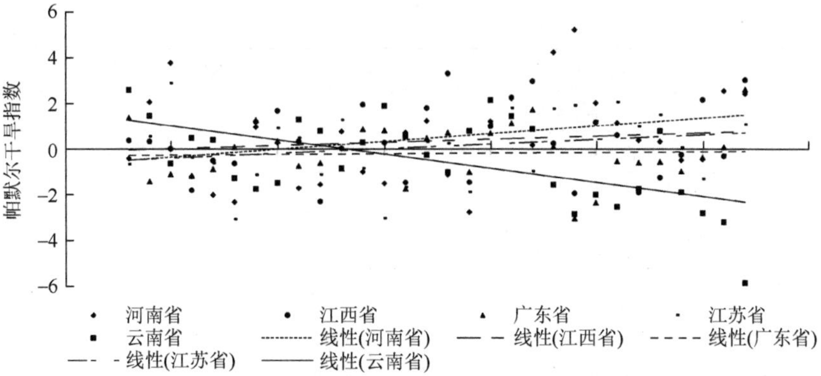

图 5.10　不同样本省的帕默尔干旱指数变化趋势（1983～2012 年）

那么，这些长期气候变化对水稻单产有怎样的影响呢？表 5.2 报告了长期气候变化与早稻、中稻和晚稻单产的统计关系。可以发现，1983～2012 年生长季平均气温与早稻和中稻单产均呈现正相关关系，但是与晚稻单产存在负相关关系；1983～2012 年生长季平均总降水与早稻、中稻和晚稻单产均呈现负相关关系；而 1983～2012 年生长季平均干旱指数与早稻、中稻和晚稻单产均呈现正相关关系。

表 5.2　长期气候变化与水稻单产的关系

长期气候变量	单产/(千克/公顷)
早稻	
1983～2012 年生长季平均气温	
<22.5℃	4884
≥22.5℃	5034
1983～2012 年生长季平均总降水	
<953 毫米	5220
≥953 毫米	4844
1983～2012 年生长季平均干旱指数	
<0.097	4581
≥0.097	5466
中稻	
1983～2012 年生长季平均气温	
<24℃	6249
≥24℃	6788

续表

长期气候变量	单产/(千克/公顷)
1983～2012 年生长季平均总降水	
<900 毫米	6720
≥900 毫米	6623
1983～2012 年生长季平均干旱指数	
<0.110	6499
≥0.110	6798
晚稻	
1983～2012 年生长季平均气温	
<23.5℃	6195
≥23.5℃	5462
1983～2012 年生长季平均总降水	
<810 毫米	6184
≥810 毫米	4858
1983～2012 年生长季平均干旱指数	
<0.050	4782
≥0.050	6210

资料来源：作者根据 CCAP 2012 年调查数据和政府部门统计的气象数据整理

注：早稻、晚稻和中稻的样本量（包含正常年和受灾年）分别为 2698、1900 和 2910

但是，表 5.2 仅仅反映了长期气候与水稻单产之间的简单统计关系，长期气候变化对水稻单产的边际影响需要进一步建立计量经济模型进行分析。

5.3.2　极端气候事件（干旱和洪涝）与水稻单产

接着简要描述极端气候事件（干旱和洪涝）与水稻单产之间的统计关系。表 5.3 报告了农户感知的极端干旱和洪涝对水稻生产的影响结果。从表 5.3 可以发现如下几个基本事实。

表 5.3　极端干旱和洪涝对农户水稻生产的影响

样本	受影响地块比重/%（1）		减产比重/%（2）		实际单产/(千克/公顷)（3）		单产变化百分比/%（4）
	受灾年	正常年	受灾年	正常年	受灾年	正常年	
干旱样本							
水稻	41	16	24	23	5775	6280	–8

续表

样本	受影响地块比重/%（1）		减产比重/%（2）		实际单产/(千克/公顷)（3）		单产变化百分比/%（4）
	受灾年	正常年	受灾年	正常年	受灾年	正常年	
早稻	37	15	26	26	5586	5997	−7
中稻	60	22	19	21	6425	6829	−6
晚稻	49	20	26	22	5486	6160	−11
洪涝样本							
水稻	34	16	25	24	5108	5663	−10
早稻	44	25	30	27	4088	5025	−19
中稻	54	19	17	21	6503	6893	−6
晚稻	22	11	23	20	5176	5492	−6

资料来源：作者根据 CCAP 2012 年调查统计整理

注：干旱样本为 1449，洪涝样本为 2305。对于干旱样本而言，受灾年表示遭受旱灾年份；对于洪涝样本而言，受灾年表示遭受洪涝灾年份

第一，无论是干旱样本还是洪涝样本，受灾年遭受影响的水稻地块比重均高于正常年的比重。平均来看，干旱样本中，正常年遭受旱灾的水稻地块比重为 16%，但受灾年该比例上升至 41%；洪涝样本中，正常年遭受洪涝灾的水稻地块比重为 16%，但受灾年该比例上升至 34%。即使分早中晚季来看，受灾害影响的地块比重在受灾年均高于正常年。

第二，表 5.3 第（2）列从减产比重的视角统计了正常年和受灾年的差异。结果发现，虽然分早中晚季来看，二者之间并不具有同向的差异，但是整体来看仍然可以发现，无论对于干旱样本还是洪涝样本，受灾年的减产比例要略高于正常年的减产比例。比如，干旱样本和洪涝样本中，水稻受灾年的减产比例均比正常年高约 1%。

第三，即使按照实际水稻单产进行统计比较，仍然可以发现，无论对于干旱样本还是洪涝样本，受灾年的水稻单产均要低于正常年。因此，这些简单统计分析表明，极端干旱和洪涝事件的发生与水稻单产之间具有明显的负相关关系。同时，该结果进一步证实了本书选择的受灾年相比于正常年而言确实经历了更严重的干旱或洪涝。

第四，基于农户报告的水稻因灾减产比例来看，洪涝灾害相比干旱而言对样本区的影响更大一些。可以发现，干旱样本中正常年和受灾年遭受旱灾的减产比例分别为 23%和 24%，而洪涝灾样本中相应的减产比例分别为 24%和 25%。

5.4 实证估计策略

5.4.1 模型设定

前述讨论的气候变化和水稻单产之间的关系并没有考虑其他因素的影响，为进一步识别气候变化对水稻单产的边际影响，设定如下具体计量经济模型：

$$y_{ikt}=\alpha_0+\alpha_1 W_c^l+\alpha_s W_{ct}^s+\alpha_e E_{ikt}+\alpha_f F_{ikt}+\alpha_r Z_{vt}+\alpha_l L_{ik}+\alpha_h H_{it}+\alpha_t T+\varepsilon_{ikt} \quad (5.1)$$

在模型（5.1）中，所有下标的定义和模型（3.3）完全相同。y_{ikt}表示第 i 个农户的第 k 个地块在第 t 年的水稻单产。模型（5.1）将分别独立地考察气候变化对不同生长季水稻（早稻、中稻和晚稻）的影响。

最感兴趣的变量是W_c^l和W_{ct}^s，它们分别度量了农户 i 所在的县 c 的长期气候特征和极端气候事件(干旱和洪涝)发生情况。长期的气候特征变量W_c^l包括1983～2012年的水稻生长季平均气温、生长季累积降水量和生长季平均干旱指数三个指标。这三个表征长期气候特征的变量在正常年和受灾年可以认为是不变的，因此W_c^l下标中没有 t。极端气候发生状况变量W_{ct}^s直接用第 t 年县 c 的受灾状态表征，包括是否发生旱灾（是＝1；否＝0）和是否发生洪涝灾（是＝1；否＝0）两个灾害虚变量。在保持其他因素不变的条件下，参数 α_l 和 α_s 分别表征了长期气候变化和极端气候事件发生对水稻单产的直接影响。所有变量的统计描述报告在表 5.1 中。

其他控制变量解释如下：E_{ikt}表示第 i 个农户的第 k 个地块在第 t 年的水稻生产中遭受的一组自然灾害虚变量，包括是否遭受洪涝灾（是＝1，否＝0）、是否遭受旱灾（是＝1，否＝0）、是否遭受连阴雨（是＝1，否＝0）。F_{ikt} 表示农户在地块 k 上的常规要素投入，具体包括劳动力、种子、化肥和机械投入。产出和四种常规投入为自然对数形式。Z_{vt} 表示一组反映村或乡镇水利基础设施状况的变量，包括水库（有水库＝1，没有水库＝0）、乡镇水利设施条件（高水利条件和低水利条件两个虚变量，对照组为中等水利条件）。L_{ik} 表示耕地特征变量，用土壤质量（高质量地块和低质量地块两个虚变量，对照组为中等质量地块）来表征。H_{it}是一组反映农户和家庭特征的变量，包括户主年龄、受教育程度、家庭人口、家庭非农劳动力占总劳动力比例、家庭财富等，这些变量对同一个农户不同地块而言是固定不变的。T 包括两个时间虚变量，分别为 T_{2011}（2011 年＝1，其他年份＝0）和 T_{2012}（2012 年＝1，其他年份＝0），用以控制技术进步或其他随时间变化的不可观测因素。ε_{ikt}为误差项。

5.4.2　估计方法

根据数据特征和研究目标，设置了如下估计方法。

第一，为估计气候的长期变化影响，对两年混合数据采用普通最小二乘法（ordinary least squares，OLS）方法估计所有模型。根据前面国内外已有研究的总结，通过横截面差异可以较好地识别长期气候变化对产出的影响。需要强调的是，虽然固定效应估计方法有助于更好地控制不可观测因素，解决潜在的遗漏变量问题，但是由于采用 1983～2012 年的平均气候因素作为长期气候变量的测度，如果采用固定效应估计，将会消除长期气候变量（正常年和受灾年对应的气候变量相同）。①

第二，在估计模型的设定中，首先同时将生长季平均气温的水平值和二次项以及生长季累积降水量的水平值和二次项同时引入模型，以考察气温和降水是否存在递增或递减边际效应。不过，结果发现二次项效应均不显著，因此最终结果只报告了包括长期气候变量水平值的估计结果。

第三，长期气温和降水变量与长期干旱趋势变量在某种程度上存在较强的相关性，为避免可能存在的多重共线性，并不同时将这两类变量放在一起，而是分别引入模型进行估计，所以对每一个模型设定的估计将有两个估计结果。

第四，模型中同时控制了县级层面和水稻地块层面的极端气候事件发生变量，同样，这些变量之间可能存在多重共线性导致参数的统计推断不可靠。因此，对上述两个层面反映极端气候事件发生状况的所有五个虚变量（县是否发生干旱、县是否发生洪涝、地块是否遭受旱灾、地块是否遭受洪涝灾、地块是否遭受连阴雨）进行联合显著性检验，以检验极端气候事件发生对水稻单产影响的显著性。检验结果报告在模型估计结果中。

第五，不管采用何种方法，将基于模型（5.1）分别对早稻、中稻和晚稻样本进行估计，结果分别报告在表 5.4、表 5.5 和表 5.6 中。

5.5　估 计 结 果

表 5.4 第（1）列和第（2）列分别报告了不同气候变量对早稻单产影响的估计结果。可以发现，1983～2012 年的生长季平均气温对早稻单产具有显著正面作

① 固定效应估计会使结果对样本时间点的选择变得异常敏感。Deschênes 和 Kolstad（2011）采用个体固定效应方法估计长期气候变化对农业产出的影响存在问题。这篇文献受限于数据的可获得性，他们仅仅用过去 15 年（1987～2002）的平均气候因素作为长期气候变量的测度。但是，正如他们在文中所强调的，选择过去 15 年（1987～2002）的平均值可能有些武断，导致估计结果不稳健。

用。保持其他因素不变，1983～2012 年的生长季平均气温每增加 1℃，早稻单产增加约 3.2%。相反，生长季累积降水对早稻单产具有显著负面影响。保持其他因素不变，1983～2012 年的生长季平均累积降水量每增加 10 毫米，早稻单产降低约 0.5%。第（3）列表明，1983～2012 年生长季平均干旱指数变化趋势对早稻单产的影响显著为正。由于干旱指数值越低表示气候越干旱，因此估计的影响方向符合理论预期；保持其他因素不变，长期干旱程度每下降 0.1 个单位，早稻单产增加约 2.2%。

表 5.4 气候变化对早稻单产影响的估计

解释变量	被解释变量：早稻单产（对数值）	
	（1）	（2）
长期气候变量		
生长季平均气温（℃）	0.032*	
	（1.742）	
生长季总降水（毫米）	−0.0005***	
	（−4.405）	
生长季干旱指数		0.217*
		（1.732）
县级层面极端气候变量		
是否发生干旱（是＝1，否＝0）	−0.046*	−0.033
	（−1.697）	（−1.194）
是否发生洪涝（是＝1，否＝0）	−0.256***	−0.255***
	（−8.764）	（−8.795）
地块层面极端气候变量		
地块是否遭受旱灾（1＝是；0＝否）	−0.132***	−0.122***
	（−5.304）	（−4.884）
地块是否遭受洪涝灾（1＝是；0＝否）	−0.478***	−0.475***
	（−19.207）	（−19.020）
地块是否遭受连阴雨（1＝是；0＝否）	−0.133***	−0.151***
	（−3.797）	（−4.312）
生产要素投入变量		
劳动力投入（对数值）	0.011**	0.010**
	（2.487）	（2.321）
是否采用晚熟品种（1＝是；0＝否）	0.135***	0.134***
	（3.103）	（3.053）

续表

解释变量	被解释变量：早稻单产（对数值）	
	（1）	（2）
是否采用抗旱品种（1＝是；0＝否）	0.021	0.021
	（0.748）	（0.765）
是否采用抗涝品种（1＝是；0＝否）	0.053*	0.052*
	（1.738）	（1.696）
农药投入（对数值）	−0.001	0.001
	（−0.175）	（0.104）
农机投入（对数值）	0.009**	0.007*
	（2.209）	（1.836）
化肥投入（对数值）	0.010	0.013
	（0.591）	（0.770）
农田水利基础设施变量		
社区水坝数量	0.009***	0.007**
	（3.135）	（2.517）
社区是否有水库（1＝是；0＝否）	0.277***	0.264***
	（10.264）	（9.436）
人口和家庭特征变量		
户主性别（1＝男；0＝女）	0.110	0.124
	（1.216）	（1.384）
户主年龄（岁）	−0.003**	−0.003**
	（−2.441）	（−2.425）
户主受教育程度（年）	0.016***	0.016***
	（3.905）	（4.098）
家庭财富（万元）	0.001***	0.001***
	（2.729）	（2.911）
土地特征变量		
高质量土地（1＝是；0＝否）	0.067*	0.067*
	（1.927）	（1.930）
中等质量土地（1＝是；0＝否）	−0.002	−0.005
	（−0.055）	（−0.159）
年份虚变量（基组：2010 年）		
2012 年（2012 年＝1，其他＝0）	0.255***	0.243***
	（8.162）	（7.507）

续表

解释变量	被解释变量：早稻单产（对数值）	
	（1）	（2）
2011 年（2011 年 = 1，其他 = 0）	0.294***	0.248***
	（7.386）	（5.292）
常数项	7.844***	8.003***
	（22.231）	（48.798）
观测值	2698	2698
R^2	0.327	0.324
极端干旱变量的联合显著性检验（F 值）	18.38***	14.35***
极端洪涝变量的联合显著性检验（F 值）	225.61***	221.90***
极端气候变量的联合显著性检验（F 值）	98.11***	96.80***

注：括号中为稳健性 t 统计量
***$p<0.01$，**$p<0.05$，*$p<0.1$

长期气候变化对中稻和晚稻单产具有与早稻类似的影响。表 5.5 和表 5.6 分别报告了长期气候变化对中稻和晚稻单产的影响估计结果，可以发现如下几个基本结果。

表 5.5　气候变化对中稻单产影响的估计

解释变量	被解释变量：中稻单产（对数值）	
	（1）	（2）
长期气候变量		
生长季平均气温（℃）	0.069***	
	（5.222）	
生长季总降水（毫米）	−0.0012***	
	（−9.856）	
生长季干旱指数		0.467***
		（3.090）
县级层面极端气候变量		
是否发生干旱（是 = 1，否 = 0）	−0.201***	−0.473***
	（−4.487）	（−5.391）
是否发生洪涝（是 = 1，否 = 0）	−0.035	−0.164***
	（−0.856）	（−3.036）

续表

解释变量	被解释变量：中稻单产（对数值）	
	（1）	（2）
地块层面极端气候变量		
地块是否遭受旱灾（1＝是；0＝否）	–0.108***	–0.121***
	（–4.946）	（–5.311）
地块是否遭受洪涝灾（1＝是；0＝否）	–0.228***	–0.231***
	（–8.633）	（–8.723）
地块是否遭受连阴雨（1＝是；0＝否）	0.019	0.027
	（0.598）	（0.848）
生产要素投入变量		
劳动力投入（对数值）	0.008*	0.007
	（1.947）	（1.644）
是否采用晚熟品种（1＝是；0＝否）	0.041**	0.031
	（2.005）	（1.456）
是否采用抗旱品种（1＝是；0＝否）	0.018	0.011
	（0.978）	（0.622）
是否采用抗涝品种（1＝是；0＝否）	0.025	0.033*
	（1.271）	（1.703）
农药投入（对数值）	0.0003	0.0040
	（0.056）	（0.851）
农机投入（对数值）	0.009**	0.011**
	（1.962）	（2.548）
化肥投入（对数值）	0.008*	0.051*
	（1.947）	（1.934）
农田水利基础设施变量		
社区水坝数量	0.005**	0.005**
	（2.506）	（2.229）
社区是否有水库（1＝是；0＝否）	0.055**	0.042*
	（2.036）	（1.695）
人口和家庭特征变量		
户主性别（1＝男；0＝女）	0.132	0.124
	（1.617）	（1.578）
户主年龄（岁）	0.001	0.000
	（0.583）	（0.479）
户主受教育程度（年）	0.006*	0.006**
	（1.930）	（2.187）

续表

解释变量	被解释变量：中稻单产（对数值）	
	（1）	（2）
家庭财富（万元）	−0.0001	−0.0001
	（−0.168）	（−0.292）
土地特征变量		
高质量土地（1 = 是；0 = 否）	0.070**	0.059*
	（2.068）	（1.730）
中等质量土地（1 = 是；0 = 否）	0.071**	0.065**
	（2.497）	（2.288）
年份虚变量（基组：2010 年）		
2012 年（2012 年 = 1，其他 = 0）	0.067	0.077
	（0.726）	（0.909）
2011 年（2011 年 = 1，其他 = 0）	0.275***	0.405***
	（5.203）	（8.187）
常数项	6.995***	8.131***
	（16.008）	（42.725）
观测值	1900	1900
R^2	0.233	0.225
极端干旱变量的联合显著性检验（*F* 值）	42.22***	39.57***
极端洪涝变量的联合显著性检验（*F* 值）	42.69***	48.36***
极端气候变量的联合显著性检验（*F* 值）	27.31***	28.59***

注：括号中为稳健性 *t* 统计量

*** $p<0.01$，** $p<0.05$，* $p<0.1$

表 5.6 气候变化对晚稻单产影响的估计

解释变量	被解释变量：晚稻单产（对数值）	
	（1）	（2）
长期气候变量		
生长季平均气温（℃）	0.027	
	（1.596）	
生长季总降水（毫米）	−0.0006***	
	（−10.420）	
生长季干旱指数		0.383***
		（5.145）

续表

解释变量	被解释变量：晚稻单产（对数值）	
	（1）	（2）
县级层面极端气候变量		
是否发生干旱（是＝1，否＝0）	−0.133***	−0.072**
	（−4.438）	（−2.327）
是否发生洪涝（是＝1，否＝0）	−0.054***	−0.061***
	（−2.595）	（−3.027）
地块层面极端气候变量		
地块是否遭受旱灾（1＝是；0＝否）	−0.167***	−0.115***
	（−7.811）	（−5.162）
地块是否遭受洪涝灾（1＝是；0＝否）	−0.179***	−0.218***
	（−7.348）	（−9.374）
地块是否遭受连阴雨（1＝是；0＝否）	−0.290***	−0.304***
	（−5.848）	（−6.300）
生产要素投入变量		
劳动力投入（对数值）	0.005***	0.004***
	（3.679）	（2.812）
是否采用晚熟品种（1＝是；0＝否）	0.020	0.031
	（1.068）	（1.584）
是否采用抗旱品种（1＝是；0＝否）	0.014***	0.013***
	（4.051）	（3.867）
是否采用抗涝品种（1＝是；0＝否）	0.063**	0.002
	（2.264）	（0.072）
农药投入（对数值）	0.019	0.038**
	（1.001）	（2.138）
农机投入（对数值）	0.068***	0.037**
	（3.442）	（1.981）
化肥投入（对数值）	0.009	0.010
	（1.269）	（1.459）
农田水利基础设施变量		
社区水坝数量	0.013***	0.006*
	（3.685）	（1.699）
社区是否有水库（1＝是；0＝否）	0.054**	0.053**
	（2.549）	（2.450）

续表

解释变量	被解释变量：晚稻单产（对数值）	
	（1）	（2）
人口和家庭特征变量		
户主性别（1＝男；0＝女）	–0.009	0.024
	（–0.130）	（0.366）
户主年龄（岁）	–0.002**	–0.003***
	（–2.033）	（–3.100）
户主受教育程度（年）	0.012***	0.009***
	（4.788）	（3.582）
家庭财富（万元）	0.0001	0.0004
	（0.625）	（1.547）
土地特征变量		
高质量土地（1＝是；0＝否）	0.155***	0.150***
	（4.574）	（4.517）
中等质量土地（1＝是；0＝否）	0.142***	0.131***
	（4.637）	（4.367）
年份虚变量（基组：2010年）		
2012年（2012年＝1，其他＝0）	0.082***	0.043*
	（3.564）	（1.935）
2011年（2011年＝1，其他＝0）	0.101***	0.016
	（3.840）	（0.570）
常数项	7.913***	8.368***
	（19.223）	（43.529）
观测值	2910	2910
R^2	0.232	0.268
极端干旱变量的联合显著性检验（F值）	53.94***	20.05***
极端洪涝变量的联合显著性检验（F值）	33.41***	53.77***
极端气候变量的联合显著性检验（F值）	37.30***	34.74***

注：括号中为稳健性 t 统计量

*** $p<0.01$，** $p<0.05$，* $p<0.1$

首先，表5.5第（1）列显示，1983～2012年的生长季平均气温对中稻单产的影响显著为正。保持其他因素不变，生长季平均气温每增加1℃，中稻单产增加约6.9%。相反，生长季累积降水对中稻单产具有显著负面影响。保持其他因素不变，1983～2012 年的生长季平均累积降水量每增加 10 毫米，中稻单产降低约 1.2%。相比早稻而言，长期气温和降水的变化对中稻的影响幅度更大。由于中稻的生长季一般在 4 月到 8 月，其间会同时经历比较大的降雨和较高的气温，对中稻的生长影响波动比较大。此外，表 5.5 第（2）列表明，1983～2012 年生长季平均干旱指数变化趋势对中稻单产具有显著正面作用；保持其他因素不变，长期气候干旱程度每下降 0.1 个单位，中稻单产增加约 4.7%。

其次，表 5.6 第（1）列显示，1983～2012 年的生长季累积降水对晚稻单产的影响依然显著为负。保持其他因素不变，生长季平均累积降水量每增加 10 毫米，晚稻单产降低约 0.6%。生长季平均气温对晚稻单产的影响方向依然为正，但统计上不显著。表 5.6 第（2）列表明，1983～2012 年生长季平均干旱指数变化趋势对晚稻单产具有显著正面作用；保持其他因素不变，长期气候干旱程度每下降 0.1 个单位，晚稻单产增加约 3.8%。

长期气温变化对水稻单产的影响为正，可能是因为空气中的 CO_2 在高温条件下更有助于增强水稻的光合作用，从而增加水稻单产。而长期降水对水稻单产的影响为负，可能的解释是，水稻在不同生长季对水的需求弹性比较大。比如，在水稻的分蘖期和灌浆期，如果降水量比较大，或者阴雨天比较多，会显著影响水稻的结实率，这样降水增加对水稻单产的综合影响会表现出负面作用。

上述结果与周曙东和朱红根（2010）的研究结果基本一致，他们基于中国南方地区省级水稻生产和气候数据的实证研究发现，短期年际间降水对华南、华中和华东地区均有负面作用。在样本区，早稻播种的地区包括广东和江西。此外，Holst 等（2013）基于中国省级面板数据的分析也表明，年度累积降水量对中国南方粮食生产具有显著负面作用，而年平均气温的影响则表现为正面促进作用。

除了长期气候变化的影响外，极端气候事件发生对水稻单产具有怎样的影响呢？表 5.4、表 5.5 和表 5.6 的最后三行分别报告了县级层面和地块层面的极端干旱气候变量、极端洪涝气候变量，以及全部干旱、洪涝和连阴雨气候变量的联合显著性统计检验结果，所有结果均在 0.1%的水平上一致拒绝原假设，意味着极端干旱和洪涝事件的发生对水稻单产均具有显著负面作用。

具体来看，表 5.4、表 5.5 和表 5.6 的结果显示，县级层面的极端干旱事件发生对早中晚稻的影响均显著为负。比如，按照第（1）列的结果来看，保持其他因素不变，相比于正常年份而言，县级层面的极端干旱发生会使得早稻、中稻和晚稻分别减产约 4.6%、20.1%和 13.3%。此外，县级层面的极端洪涝事件发生对早稻和晚稻的影响均显著为负；县级层面极端洪涝发生对中稻的影响同样为负，虽然在统计上不显著。平均来看，保持其他因素不变，相比于正常年份而言，县级层面的极端洪涝发生会使得早稻、中稻和晚稻分别减产约 25.6%、3.5%和 5.4%。

研究还发现，水稻地块层面遭受的自然灾害对水稻单产也具有显著负面作用。表 5.4、表 5.5 和表 5.6 的结果一致显示，水稻地块遭受的旱灾和洪涝灾对早稻、中稻和晚稻的影响均显著为负。平均来看，保持其他因素不变，相比于正常年份而言，地块层面的极端干旱会使得早稻、中稻和晚稻分别减产约 13.2%、10.8% 和 16.7%；地块层面的极端洪涝发生会使得早稻、中稻和晚稻分别减产约 47.8%、22.8%和 17.9%。此外，水稻地块遭受的连阴雨对早稻和晚稻也具有显著负面作用，对中稻的影响不显著；平均来看，保持其他因素不变，相比于正常年份而言，地块层面的连阴雨会使得早稻、中稻和晚稻分别减产约 13.3%、1.9%和 29.0%。

综合县级层面和地块层面极端气候事件对水稻影响的估计结果来看，可以发现两个基本事实：第一，相比极端干旱的影响而言，样本地区的洪涝灾发生对水稻的总体影响更大。该结果与前文表 5.3 显示的农户报告的减产比例比较结果基本一致。第二，从不同生长季作物来看，极端干旱气候事件对中稻和晚稻的影响更严重，而极端洪涝灾害对早稻的负面影响相对更大。

再简要分析一下针对三季水稻生产函数模型估计的其他结果。

第一，各种水稻生产的常规投入要素影响结果基本符合预期。整体来看，作物优质品种（比如晚熟品种）、劳动力、化肥和农业机械等均会显著促进水稻的生产。

第二，水坝和水库对水稻单产具有正向显著影响的估计结果表明，在投入和其他变量给定时，农田水利基础设施水平会显著促进水稻产出的增加。比如，农户所在社区拥有能够直接获得灌溉用水的水库，其水稻单产会显著高于那些没有水库的地区；农户所在社区的水坝对其水稻单产也具有显著的促进作用。毫无疑问，这些基础设施代表了当地的农田水利基础设施条件，因而影响当地水稻生产。

第三，农户家庭和人口特征也显著影响水稻的单产，但是其影响幅度比较小。比如，户主受教育程度对早稻、中稻和晚稻生产均具有显著的促进作用，但是户主年龄越大，中稻和晚稻产出会越低。此外，那些家庭财富越高的农户倾向于具有更高的早稻产出。

第四，土壤质量对水稻单产的影响也非常显著。对三季作物而言，高等和中等质量的地块上水稻单产比较低质量地块水稻单产要高，这些影响结果符合直观预期。

第五，两个时间虚变量的估计系数均为正，并且大部分统计显著。表明在控制生产投入要素和气候因素条件下，2011 年和 2012 年的水稻单产比 2010 年要高，这可能源于技术进步或其他原因。

总体而言，虽然部分控制变量对水稻单产的作用机制随早稻、中稻和晚稻而发生变化，但是，所有模型的结果都显示，就本章所关心的长期气候变化和极端气候事件发生对水稻单产的影响这一问题上，上述估计结果取得了一致的结论。这从侧面反映出本章模型设置的合理性和估计结果的稳健性。

5.6 本章小结

本章在描述样本地区长期气候变化趋势特征的基础上，定量评估了长期气候变化和极端气候事件发生对水稻单产的边际影响。得出如下几点结论。

第一，样本地区的年平均气温在统计上表现出显著的上升趋势，年平均总降水量也表现出微弱的增加趋势，但统计上并不显著，但是降水在地区之间差异较大，华南地区（广东、江西）降水呈现上升的趋势，但华北（河南、江苏）和西南（云南）地区的降水呈现下降趋势。

第二，长期气温的升高有助于提高水稻单产，但长期降水增加对水稻单产有负面影响。根据计量估计结果，生长季平均气温每增加 1℃，早稻和中稻单产分别增加约 3.2%和 6.9%。样本地区年平均气温增长幅度为 0.035℃，那么年度气温升高对样本地区早稻和中稻的实际影响分别为 0.112%和 0.242%。虽然样本地区的年平均总降水变化趋势不明显，但计量经济模型结果显示，如果未来生长季总降水量增加 10 毫米，会使得早稻、中稻和晚稻单产分别降低约 0.5%、1.2%和 0.6%。由于华南地区是我国水稻主要生产区之一，长期降水增加的趋势可能进一步威胁水稻生产。

第三，整体来看，样本地区的长期气候干旱程度表现为降低趋势，这可能与降水增加有关。计量估计结果表明，长期气候干旱程度的降低对水稻单产具有显著正向影响。

第四，除长期气候变化的影响外，极端气候事件（干旱和洪涝）的发生会显著降低水稻的单产，并且其负面影响程度相比于长期气候变化影响程度更大。保持其他因素不变，相比于正常年份而言，县级层面的极端干旱事件会使得早稻、中稻和晚稻分别减产约 4.6%、20.1%和 13.3%，极端洪涝事件会使得早稻、中稻和晚稻分别减产约 25.6%、3.5%和 5.4%。比较来看，相比极端干旱事件的影响而言，样本地区的洪涝灾害发生对水稻的总体影响更大。从不同生长季作物来看，极端干旱气候事件对中稻和晚稻的影响更严重，而极端洪涝灾害对早稻的负面影响相对更大。

第五，研究发现，有利的农田水利基础设施会显著促进水稻单产的提高。相对于那些水利基础设施条件比较弱的地区而言，拥有水库和水坝的地区会获得更高的水稻单产，这可能意味着，农田水利基础设施的改善是应对气候变化对水稻生产风险的重要途径。

值得强调的是，本章关于气候变化对水稻单产的影响估计是建立在生产函数模型基础上的，其结果仅仅反映气候变化对水稻单产的边际影响。正如前文所指出的，有批评者认为，无论是传统作物模型的实验或模拟研究，还是基于统计历史观察数据的生产函数估计，均缺乏农户对气候变化适应行为的考虑。如果气温变化使水稻减产，农户可能从水稻转向蔬菜生产，选用更优质抗旱品种，或者将作物种植转变为畜牧养殖等。这些生产实践中的适应措施可能帮助抵消气候变化带来的风险。如果这种可能性存在，那么在评估气候变化对农业部门的整体影响时，需要考虑农户生产中的这种适应行为，否则可能高估气候变化的损害。①

① 最近有文献（Tack et al.，2012）指出，这种判断可能并不一定完全正确，因为近来采用生物经济模型（bio-economic model）的研究能够在很大程度上克服这些不足。

第 6 章　水稻生产适应气候变化的应对措施

6.1　简要背景

不同适应主体（农户、社区和政府）在实际水稻生产中采取了哪些措施来提高单产呢？特别是，面对长期气候变化和极端气候事件的冲击，不同适应主体是否通过采取更多的适应措施来应对可能造成的水稻生产损失呢？虽然大量研究梳理了农业适应气候变化的各种应对策略（见前文表 2.1 和表 2.2），但这些研究对适应措施的讨论大多停留在其理论上或潜在的可行性，对实际中适应措施采用的实施主体、采用范围，以及地区差异等适应措施的现状和特征缺乏具体的总结和描述。

本章研究的主要目标是基于中国五省（江西、广东、江苏、河南和云南）大规模实地调查数据，分别就农户、社区和政府三个层面，对目前水稻生产实践中与适应气候变化相关的各类措施和政策进行描述性统计分析。需要强调的是，本章所描述的各类措施可能并非针对极端气候事件发生的适应措施，而仅仅代表适应主体采取的一种生产或管理措施。但是为表述方便，本章仍然采用“适应措施”这一术语。第 7 章将对该问题进行进一步分析。

为便于梳理和分析，受已有研究的启发，并结合实际调查样本所获得的信息，将所有适应措施按照不同实施主体进行了分类，分类结果报告在表 6.1 中。具体而言，将所有措施分为工程类措施和非工程类措施两类，其中，工程类措施包括对农田水利基础设施的投资和维护；非工程类措施包括节水技术、农田管理等。在每一个二级分类下，均包含了适应主体采用的具体措施和政策。

表 6.1　水稻生产中实际采用的与适应相关的措施

实施主体	一级分类	二级分类	包括主要内容
农户层次	工程类措施	投资	新建（或新买）水窖、池塘、机井、泵、大棚等设施
		维护	维护水窖、池塘、机井、泵、灌排渠系、大棚等设施
	非工程类措施	节水技术	畦灌、沟灌、平整土地、地面管道（白龙或水带等）、喷灌、滴灌/微灌、地膜（或双膜覆盖）、免耕/少耕、秸秆覆盖/还田、化学药剂、间歇灌溉（水稻控灌或干湿交替灌溉）和抗旱品种等
		农田管理	调整作物品种、播种和收获日期，补种、扶苗、定苗和洗苗，调整灌溉强度、灌溉时间、施肥时间，调整生产要素投入等
		风险管理	参加农业保险、调整种植结构

续表

实施主体	一级分类	二级分类	包括主要内容
社区层次	工程类措施	投资	新建（或新买）水库、大坝、灌排渠系（包括衬砌）、池塘、机井、水泵、地下管道等设施
		维护	维护水库、大坝、灌排渠系、池塘、机井、水泵、地下管道等设施
	非工程类措施	风险管理	组织抗灾抢险活动、农业保险
		能力建设	给农户提供关于抗灾抢险方面的培训，建立用水协会、农民专业合作社等组织
政府层次	工程类措施	投资	新建（或新买）水库、大坝、灌排渠系（包括衬砌）等设施
		维护	维护水库、大坝等设施
	非工程类措施	风险管理	预警信息提供、建立气象预警站、气象预警站的覆盖范围、启动不同级别的预警系统（或应急预案）、给予（资金、物质和技术等）直接政策支持、制定与抗灾相关的政策与制度、改变水价政策等
		能力建设	给农户提供关于抗灾抢险方面的培训

注：作者根据已有研究和具体调查数据信息进行分类

这一章的分析数据来自 5 省的农户、社区和乡镇政府问卷调查。对农户层面适应措施采用的分析数据主要来自 1653 个水稻生产农户，对水稻地块层面的分析数据来自 3754 个水稻地块样本（其中，干旱年样本总量为 1449，洪涝灾年样本总量为 2305），对社区层面分析的数据来自 225 个样本村，对政府层面的分析数据来自 225 个样本村和 75 个样本乡镇。

接下来，6.2 节分别从农户和水稻地块层面描述针对极端干旱和洪涝所采用的适应策略；6.3 节分别就社区（村）采用的工程类（水利基础设施条件）和非工程类措施（风险管理、能力建设）进行了讨论；最后，围绕地方政府应对气候变化的政策和制度进行分析。正如即将在下文所看到的，实际农业生产中，农户、社区和地方政府采取了广泛而丰富的适应措施来应对气候变化的风险。

6.2　农户层面应对旱灾和洪涝灾的适应策略

6.2.1　农户层面的适应措施统计

首先从农户层面分析各类适应措施采用的农户比重，以考察实际农业生产中农户采取了哪些措施来提高农业产出。本节分析思路是，首先从适应措施的一级和二级分类（表 6.1）进行描述性统计分析，以便从整体上了解不同类型的适应措施，其次进一步具体分析各级分类下的农户具体措施采用情况。

表 6.2 报告了农户水稻生长中实际采用的适应措施类型。可以发现，农户采取了一系列适应措施来提高水稻产量。基于表 6.2，可以发现如下几个基本事实。

表 6.2　农户 2010～2012 年实际采用适应措施分类（单位：%）

省份	采取任何一种措施	其中			非工程类措施			工程类措施	
		工程类	非工程类	都采用	节水技术	农田管理	风险管理	投资	维护
河南	100	96.3	100	32	100	86	37	93	24
江西	87	41.4	80	1	31	72	7	20	27
广东	100	71.8	99	12	99	70	23	15	65
江苏	100	67	99	25	93	88	46	6	63
云南	100	33.7	100	13	97	96	31	19	20
平均	95	57.5	92	12	71	78	22	26	39

资料来源：CCAP 2012 年调查

注：总样本量为 1653

第一，几乎所有的被调查样本农户（95%）采取了适应措施。这些适应措施既包括工程类措施，也包括非工程类措施。

第二，农户适应措施的采用中，非工程类措施采用的农户百分比（92%）要远远高于工程类措施采用的百分比（57.5%）。不过对工程类措施和非工程类措施均采用的农户比例并不高，只有约 12%。

第三，农户对非工程类措施的采用主要是农田节水技术和农田管理类措施，二者的比重分别达到 71%和 78%。相比之下，风险管理措施采用的农户比例只有 22%。

第四，农户对工程类措施的采用以维护为主，其农户采用比例达到 39%。2010～2012 年采取工程类投资的农户比例只有 26%。

第五，农户适应措施采用情况在不同地区之间存在较大差异。比如，工程类措施采用比例最高的河南省（96.3%）是最低的云南省采用比例（33.7%）的近 3 倍。

表 6.3 报告了农田管理和风险管理类措施采用农户百分比。可以发现，首先补种（苗）和调整排灌强度是农户水稻生产中采用最多的两种措施，其采用比例分别达到 46%和 31%。其次是调整农作物播种或收获日期以及调整生产要素投入，其采用比例均达到 23%。农业保险，扶苗、定苗、洗苗以及调整作物品种也是农户采取的重要措施，其采用比例分别达到 21%、17%和 15%。除此之外，农户对调整灌溉时间、施肥时间以及作物结构等措施的采用比重相对较小。同样地，农户农田管理类措施的采用在不同地区之间存在差异。

表 6.3　农田管理和风险管理类措施采用农户百分比（单位：%）

省份	农业保险	调整作物结构	调整作物品种	调整播种或收获日期	补种（苗）	扶苗、定苗、洗苗	调整排灌强度	调整灌溉时间	调整施肥时间	调整生产要素投入
河南	37	1	24	26	66	30	24	1	0	12
江西	6	1	12	17	38	19	28	3	1	26
广东	23	0	4	12	41	1	35	9	4	17
江苏	46	1	27	36	30	13	33	4	1	29
云南	30	2	24	47	78	36	41	18	6	29
平均	21	1	15	23	46	17	31	6	2	23

资料来源：CCAP 2012 年调查

注：总样本量为 1653；生产要素包括种子、农药、化肥、地膜等

表 6.4 报告了农户节水技术措施采用情况。整体来看，畦灌和秸秆还田是农户采用的最主要的两种节水技术，其采用比例分别为 35%和 26%。除此之外，地面管道、平整土地、沟灌以及单膜覆盖等节水技术的采用比例也均达到了 10%以上。其他被采用的节水技术包括采用抗旱品种、免耕、滴灌/微灌以及间歇灌溉等，但采用比例比较低。

表 6.4　节水技术采用农户百分比（单位：%）

省份	畦灌	沟灌	平整土地	地面管道	喷灌	滴灌/微灌	单膜覆盖	双膜覆盖	免耕	秸秆还田	化学药剂	间歇灌溉	抗旱品种
河南	66	4	27	78	1	0	0	0	20	83	0	1	10
江西	4	5	2	5	0	0	3	0	0	11	0	1	4
广东	91	37	9	7	2	0	3	3	1	7	0	1	1
江苏	22	7	16	14	0	0	4	0	21	67	1	6	13
云南	7	1	63	14	1	1	67	0	5	13	1	0	46
平均	35	12	15	16	1	0	11	1	6	26	0	1	10

资料来源：CCAP 2012 年调查

注：总样本量为 1653

最后，表 6.5 报告了农户工程类措施采用情况。由于工程类措施的投资往往具有较高的成本，因此理论上相比于低成本农田管理类措施而言，农户的采用比例并不会太高，表 6.5 基本验证了该假设。农户投资类工程措施采用比例最高的是机井，达到了 17.6%，不过其原因主要归于河南省，其机井投资比例达到了

94.1%，其他省份的机井投资比例基本不超过 10%。此外，除水泵的投资比例达到 6.4%，其他工程投资类措施，比如水窖、水塘、大棚，其投资比例均不到 3%。同样，农户对工程的维修措施采用比例也不高，对水窖、水泵、机井和大棚进行维修的农户比例均不超过 4%。唯一的例外是，农户对排灌沟渠的维护清理比例达到了 33.3%。

表 6.5　工程类适应措施采用农户百分比（单位：%）

省份	投资类					维修类				
	水窖	水塘	机井	大棚	水泵	水窖	水泵	机井	大棚	排灌沟渠
河南	0	1.1	94.1	0	0	0	0.7	15.9	0.4	10.4
江西	0.4	2.4	6.6	0.1	12.6	0.3	2.8	0.4	0.2	24.9
广东	0.7	4.1	10.3	0	0	0.6	3.9	2.6	0.2	60.7
江苏	0	0	0.4	0.4	5.9	0	0	0.4	0	50.4
云南	3.7	2.2	10	0.4	5.9	2.2	4.4	3.3	0	11.9
合计	0.8	2.4	17.6	0.1	6.4	0.5	2.7	3.2	0.2	33.3

资料来源：CCAP 2012 年调查

注：总样本量为 1653

6.2.2　农户地块层次适应措施采用

接下来，进一步分析水稻地块上农户应对极端气候事件的适应措施采用情况。调查针对农户具体的水稻种植地块，详细记录了农户在该地块应对干旱和洪涝所采取的各种适应措施。基于表 6.1 的适应措施分类，将分别描述农户农田管理类措施、农田节水技术和工程类措施在正常年和受灾年的采用情况。需要说明的是，由于旱灾和洪涝灾是两类完全不同的极端气候事件类型，相应的各类适应措施也存在不同。因此在下文的分析中将会区分这两类灾害类型，并分别基于旱灾样本和洪涝灾样本分析适应措施采用情况。

表 6.6 首先报告了水稻地块上农户调整农作物播种和收获日期的采用情况。不难发现，相比正常年而言，在严重干旱发生年份，大约有 20.2%的水稻样本地块通过调整播种或收获日期来应对干旱的发生。在严重洪涝灾发生年份，这一比例达到了 16.8%。进一步来看，在干旱年和洪涝灾年，农户提前或延迟作物播种日期的采用比例分别达到 16.1%和 12.1%，提前或延迟作物收获日期的比例同样分别达到 16.8%和 13.9%。从另一个角度来看，在干旱年和洪涝灾年，农户提前播种或收获日期的采用比例分别为 7.5%和 4.6%，但是农户延迟播种或收获的采用比例分别达到 14.1%和 12.4%。

表 6.6　水稻地块应对干旱和洪涝采用的农田管理措施：调整播种和收获日期（单位：%）

年份类型	调整播种或收获日期	调整播种日期	调整收获日期	提前播种或收获日期	延迟播种或收获日期
干旱年	20.2	16.1	16.8	7.5	14.1
洪涝灾年	16.8	12.1	13.9	4.6	12.4

资料来源：CCAP 2012 年调查

注：正常年和受灾年的干旱样本量均为 1449、洪涝样本均为 2305

表 6.7 报告了农户在作物品种方面的调整措施。选用更优质的作物品种（比如抗旱品种、抗涝品种、早熟或晚熟品种等）是农户应对气候变化的重要措施。从表 6.7 的统计结果，可以发现如下几个事实。

表 6.7　水稻地块应对干旱和洪涝采用的农田管理措施：调整作物品种（单位：%）

年份类型	调整作物品种	抗旱品种	抗涝品种	早熟品种	晚熟品种
干旱					
正常年	4.1	17.5	—	14.7	9.2
受灾年	5.6	18.0	—	14.3	10.6
平均	4.9	17.8	—	14.5	9.9
洪涝					
正常年	2.2	—	16.4	9.9	9.5
受灾年	2.6	—	16.4	9.7	9.6
平均	2.4	—	16.4	9.8	9.5

资料来源：CCAP 2012 年调查

注：正常年和受灾年的干旱样本量均为 1449、洪涝样本均为 2305

第一，针对干旱样本而言，约有 4.9%的水稻样本地块采取了调整作物品种的措施。进一步来看，在受灾年农户调整作物品种的比例（5.6%）要高于正常年（4.1%）。针对洪涝样本而言，约有 2.4%的水稻样本地块采取了调整作物品种的措施。同样地，在受灾年农户调整作物品种的比例（2.6%）要高于正常年（2.2%）。

第二，针对干旱样本而言，约有 17.8%的水稻样本地块采用了抗旱品种。在受灾年农户采用抗旱品种的比例（18.0%）同样要略微高于正常年（17.5%）。针对洪涝样本而言，约有 16.4%的水稻样本地块采用了抗涝品种。不过，在受灾年农户抗涝品种的采用比例与正常年的没有差异。

第三，农户针对旱灾采用早熟品种的比例（14.5%）要高于针对洪涝灾的采用比例（9.8%）。不过，农户针对旱灾采用晚熟品种的比例和农户针对洪涝灾采用晚熟品种的比例差异不明显，其比例分别为 9.9%和 9.5%。

第四，无论是旱灾样本还是洪涝灾样本，受灾年农户对晚熟品种的采用比例要高于正常年。但是，农户对早熟品种的采用比重，在受灾年比正常年略低。由于当年品种的选用可能还受到前几年极端气候的影响，二者之间更准确的关系尚需要进一步控制更多相关因素才能识别。

针对极端干旱和洪涝灾害的发生，农户的排灌行为是否发生变化呢？表 6.8 报告了正常年和受灾年农户在水稻地块上排灌措施的采用情况。可以发现，首先，相比于正常年而言，在旱灾发生期间，农户会增加对水稻的灌溉。比如，在旱灾年对水稻实施灌溉的地块比例比正常年的高 3 个百分点（92%-89%），而旱灾年的灌溉强度也比正常年的高 0.4 次（7.4-7.0）。从灌溉用水量来看，农户在受灾年需要更多的灌溉用水。其次，研究发现农户的排水强度因洪涝灾的发生也发生变化。农户在洪涝灾发生年份的排水次数要比正常年略微高 0.1 次（3.7-3.6），总排水时间比正常年高 1.4 小时（5.8-4.4）。

表 6.8　水稻地块应对干旱和洪涝采用的农田管理措施：增强排灌强度

年份类型	灌溉（1 = 灌溉，0 = 无灌溉）/%	灌溉强度/次	灌溉用水量/[米^3/(亩·季)]	排水强度/次	总排水时间/小时
干旱					
正常年	89	7.0	700	—	—
受灾年	92	7.4	720	—	—
平均	90	7.2	710	—	—
洪涝					
正常年	—	—	—	3.6	4.4
受灾年	—	—	—	3.7	5.8
平均	—	—	—	3.6	5.1

资料来源：CCAP 2012 年调查

注：正常年和受灾年的干旱样本量均为 1449、洪涝样本均为 2305

表 6.9 报告了农户灌溉的主要方式。可以发现，样本区绝大部分水稻地块能够得到灌溉（92%），其中主要以地表水作为灌溉水源（83%），只有 5%的水稻地块仅采用地下水进行灌溉。从地区分布来看，长江流域的江西、江苏和珠江流域的广东主要以地表水灌溉为主，相比之下，河南主要以地表水和地下水联合灌溉为主（79%），而云南没有灌溉和只采用地下水进行灌溉的地块比例接近一半（25% + 20%）。

表 6.9　农户不同灌溉方式采用比例（单位：%）

灌溉方式	平均	河南	江西	广东	江苏	云南
没有灌溉	8	0	10	7	1	25
灌溉	92	100	90	93	99	75
只采用地表水	83	21	82	84	98	53
只采用地下水	5	0	3	6	0	20
联合灌溉	4	79	5	3	1	2

资料来源：CCAP 2012 年的调查

注：总样本为 7508

表 6.10 报告了水稻生产中农户应对极端气候事件而采取的补种（苗）和扶苗定苗洗苗措施。可以发现，无论是针对旱灾还是洪涝灾样本，约有 22%的水稻地块上采用了补种（苗）措施。尽管在正常年农户补种（苗）的比例也不低（在干旱样本和洪涝样本中，该比例分别为 21%和 20%），但相比之下，受灾年采用补种（苗）的地块比例还是略微高于正常年。进一步看，在采取了补种（苗）的干旱和洪涝样本中，补种（苗）面积占播种总面积的比例平均分别为 18%和 21%。同样发现，相比正常年而言，受灾年补种（苗）的面积比例还是略微高于正常年。从上述统计结果来看，洪涝灾相比旱灾对农户补种（苗）措施采用的影响更大。

表 6.10　水稻地块应对干旱和洪涝采用的农田管理措施：补种（苗）和扶苗定苗洗苗（单位：%）

年份类型	补种（苗）		扶苗定苗洗苗
	补种（苗）比例	补种（苗）面积比例	
干旱			
正常年	21	17	—
受灾年	22	18	—
平均	22	18	—
洪涝			
正常年	20	17	17
受灾年	23	25	18
平均	22	21	17

资料来源：CCAP 2012 年调查

注：正常年和受灾年的干旱样本量均为 1449、洪涝样本量均为 2305

扶苗定苗洗苗是水稻生产中专门针对洪涝发生的一种适应措施。表 6.10 显示，约有 17%的水稻地块采取了该措施。此外，在洪涝发生年份农户在水稻生产中采取了扶苗定苗洗苗措施的比例（18%）略微高于正常年采用比例（17%）。

进一步考察水稻生产中农户应对旱灾中的节水技术采用情况。正如表 6.11 所示，虽然农户采取了一定的节水技术（主要包括地面管道、沟灌或畦灌技术、免耕或秸秆覆盖技术等），比如采用地面管道的地块比例为 8.4%，采用沟灌或畦灌技术的地块比例为 36.6%，采用免耕或秸秆覆盖措施的地块比例为 5.7%。但是，采取这些节水技术的地块比例在正常年份和干旱发生年份并没有统计差异。

表 6.11　水稻地块应对干旱采用的节水技术（单位：%）

年份类型	地面管道	地下管道	沟灌或畦灌	免耕或秸秆覆盖	其他节水技术
正常年	8.4	0.1	36.6	5.7	7.2
受灾年	8.4	0.1	36.6	5.7	7.3
平均	8.4	0.1	36.6	5.7	7.3

资料来源：CCAP 2012 年调查

注：正常年和受灾年的干旱样本量均为 1449；其他节水技术包括化学药剂使用和间歇性控灌

表 6.12 报告了农户水稻生产中应对干旱采用的工程类措施情况。与前面农户层面的统计分析一致，农户水稻地块的工程类措施采用比例很低，投资类措施采用比例均不超过 2%；除维修沟渠采用的比例达到 32.6%以外，其他维修类工程措施的采用比例均不高，其采用比例均不超过 3%。

表 6.12　水稻地块应对干旱采用的工程类适应措施（单位：%）

年份类型	投资类				维修类				
	水窖	水塘	机井	水泵	水窖	水塘	机井	水泵	沟渠
正常年	0.1	0	0.9	1.3	0.4	2.5	0.6	1.2	32.1
受灾年	0.1	0.1	3	2.2	0.4	2.2	0.4	1.2	33.1
平均	0.1	0.1	1.9	1.8	0.4	2.3	0.5	1.2	32.6

资料来源：CCAP 2012 年调查

注：正常年和受灾年的干旱样本量均为 1449

6.3　社区层面应对干旱和洪涝的适应策略

6.3.1　社区工程类水利基础设施条件

已有大量研究表明，农田水利基础设施投资是应对自然灾害的重要举措（陈煌等，2012）。作者也对样本地区社区主要水利基础设施状况进行了调查。表 6.13 报告了 2010～2012 年拥有各种水利基础设施的社区百分比。

表 6.13 2010～2012 年拥有各种水利基础设施的社区百分比（单位：%）

水利基础设施	平均	河南	江西	广东	江苏	云南
直接为社区提供灌溉的水库	56	0	56	78	78	44
排水渠系	62	37	63	70	78	52
为社区提供抗灾服务的堤坝	27	7	31	35	26	15
为社区提供抗灾服务的水坝	27	0	35	29	4	44
水塘（水池）	70	4	79	80	78	79
灌区	23	34	13	33	30	15

资料来源：CCAP 2012 年调查

注：社区总样本量为 675。灌区表示该社区在灌区范围内。这里列出的各类水利基础设施的所有权并不一定归属社区，只要社区能够接受到某一类设施提供的服务，即认为社区拥有该类设施

从表 6.13 可以发现如下几个基本事实。

首先，整体来看，水塘（水池）是社区中最为广泛的水利基础设施，拥有该类设施的社区比例达到 70%。水塘具有较好的蓄水功能，能够在干旱发生时增加灌溉用水。除此之外，大量社区也拥有排水渠系（62%）。有趣的是，拥有直接可以提供灌溉水库的社区超过了总样本量的一半（56%）。由于本节对水利基础设施的定义涵盖那些能够从其他地区获取服务的设施，因此实际拥有水库的社区比例可能低于这里的统计值。相比之下，能够从堤坝、水坝获取抗灾服务的社区比例相对较小，二者均只有 27%。

其次，发现水利基础设施在不同地区之间的差异比较明显。比如，在华南、华中地区的广东省和江西省，拥有各类水利基础设施的社区比重要高于华北的河南省。就样本而言，社区水利基础设施条件较好的是广东、江西和江苏，相比之下，云南和河南较差。这与各地的地表水资源丰裕程度基本一致。

虽然不少社区能够获益于上述这些工程类水利基础设施，但是大部分设施的投资往往并非来自社区自身，而是来自政府。一些小型设施比如水塘和渠道来自村民集资共同建设，但是大型水利基础设施（比如水库）需要当地政府和中央政府的投资。

6.3.2 社区非工程类措施采用

除了通过水利基础设施应对自然灾害外，社区还通过向农户提供相关政策支

持和服务，以帮助农户应对灾害。这些政策服务包括灾害发生之前发布灾害预警信息、灾害发生后组织村民抢险抗灾等风险管理和能力建设举措。

表 6.14 报告了提供灾害预警信息服务的社区比例。灾害发生前提供预警信息是有效规避和降低灾害潜在损失的重要措施。结果发现，对于干旱样本，有超过一半（51%）的样本社区在旱灾发生前提供了相应的预警信息。对于洪涝样本，在洪涝灾发生前提供灾害预警信息的社区比例更高，达到了 64%。进一步看，这些灾害预警信息的发布途径主要是通过村民会议、电视、文件以及手机短信等，除此之外入户当面告知和广播也是社区发布预警信息的途径。

表 6.14 提供灾害预警信息服务的社区比例（单位：%）

年份类型	灾前预警信息提供	其中					
		短信	会议	文件	广播	电视	入户
干旱							
正常年	37	11	21	16	6	15	2
受灾年	65	17	35	23	9	25	5
平均	51	14	28	19	8	20	4
洪涝							
正常年	53	13	27	25	3	14	5
受灾年	76	17	41	29	0	18	10
平均	64	15	34	27	2	16	8

资料来源：CCAP 2012 年调查

注：正常年和受灾年的干旱样本量均为 126，正常年和受灾年的洪涝样本量均为 99

那么，社区灾害预警信息提供在正常年和受灾年是否存在差异呢？表 6.14 的结果表明，无论是干旱样本还是洪涝样本，在受灾年提供预警信息的社区比例要远远高于正常年提供预警信息社区比例。比如，在干旱样本中，在正常年提供旱灾预警信息服务的社区比例为 37%，但是在受灾年该比例上升至 65%。在洪涝样本中，在正常年提供洪涝灾预警信息服务的社区比例为 53%，但是在受灾年该比例高达 76%。该结果说明，一方面，灾害预警信息提供已经成为农村地区应对自然灾害的重要措施；另一方面，社区对洪涝灾的预警总体上要高于对旱灾的预警，这可能与台风或强降雨的短期性特征有关，相比干旱而言，前者导致的洪涝灾更加容易被预测。

在灾害发生期间和之后，社区是否采取了相应措施以降低灾害的潜在损失？

地方政府又采取了什么样的应对措施？表 6.15 报告的组织抗灾抢险活动和受到政府抗灾政策支持的社区比例统计结果回答了上述问题。

表 6.15　组织抗灾抢险活动的社区比例（单位：%）

年份类型	组织抗灾抢险活动	组织应灾培训	提供应灾物品
干旱			
正常年	6	6	7
受灾年	17	11	14
平均	12	9	10
洪涝			
正常年	19	4	14
受灾年	32	7	22
平均	25	6	18

资料来源：CCAP 2012 年调查

注：正常年和受灾年的干旱样本量均为 126，正常年和受灾年的洪涝样本量均为 99

在旱灾或洪涝灾发生期间和之后，社区采取了一些措施积极应对灾害。比如，表 6.15 显示，对于干旱样本，有 12%的样本社区在旱灾发生期间和之后组织了抗旱抢险活动。对于洪涝样本，在洪涝灾发生期间和之后，组织抗灾抢险的社区比例相对高一点，达到了 25%。其中，组织应灾培训和提供应灾物品是社区抗灾抢险活动的两个重要内容，其中应灾培训是农户适应气候变化能力建设的重要方面。平均来看，干旱样本中分别有 9%和 10%的社区在旱灾发生期间和之后组织了应灾培训和提供应灾物品；洪涝样本中该比例分别为 6%和 18%。同样，如果比较正常年和受灾年组织抗灾抢险的社区比例，依然发现受灾年的比例明显高于正常年。这些结果进一步证实了对受灾年和正常年定义的有效性，从而为后面分析极端气候事件对水稻生产的影响提供了基础。

6.4　地方政府层面应对干旱和洪涝的适应策略

不仅社区采取了相应措施来应对自然灾害，乡镇及以上地方政府也针对灾害的发生提供了政策支持。表 6.16 表明，在旱灾或洪涝灾发生期间和之后，一部分乡镇及以上政府对社区提供过抗灾物资、技术和资金等方面的政策支持。结果发现，对于干旱样本，接受过乡镇及以上政府抗灾物资、技术和资金支持的社区比例分别为 6%、6%和 17%。对于洪涝灾样本，该比例分别为 10%、5%和 10%。

表 6.16　受到政府抗灾资金、物资和技术方面支持的社区比例（单位：%）

年份类型	接受过政府物资资助	接受过政府技术资助	接受过政府资金资助
干旱			
正常年	6	3	14
受灾年	7	10	21
平均	6	6	17
洪涝			
正常年	4	3	4
受灾年	15	7	15
平均	10	5	10

资料来源：CCAP 2012 年调查

注：正常年和受灾年的干旱样本量均为 126，正常年和受灾年的洪涝样本量均为 99

表 6.17 反映了 2005～2009 年乡镇及以上政府在社区推行农业生产应灾技术服务方面的情况。这些技术包括抗旱、抗涝、抗风暴、抗冻、节水、免耕以及秸秆还田等生产技术，从政策供给角度看，这些生产技术的推广对于农户应对自然灾害具有重要作用。

表 6.17　2005～2009 年接受到乡镇及以上政府推行农业生产应灾技术的社区比例（单位：%）

应灾技术	平均	河南	江西	广东	江苏	云南
抗旱技术	59	82	51	46	56	89
抗涝技术	64	73	73	50	41	70
抗风暴技术	16	4	9	35	26	0
抗冻技术	32	52	32	28	30	22
节水技术	22	44	8	28	15	41
免耕技术	17	52	6	0	56	15
秸秆还田技术	32	74	13	9	96	30

资料来源：CCAP 2012 年调查

注：总样本量为 225 个社区

首先，从表 6.17 可以发现，与抵抗干旱和洪涝相关的生产技术服务依然是地方政府最主要的推广项目。比如平均来看，接受到地方政府抗旱和抗涝技术服务的社区比例分别达到 59%和 64%。这可能是因为干旱和洪涝是样本区发生频率相对较高的两种极端自然灾害。从各省份比较来看，其推广范围虽然存在一些差异，但在每个省内，相比于其他生产技术，抗旱和抗涝两项技术服务的推行仍然最广。其中，在云南接受到抗旱技术服务的社区比例达到 89%，江西和河南接受到抗涝技术服务的社区比例均达到 73%。

其次，表 6.17 还显示，地方政府对农业生产抗冻、秸秆还田和节水技术服务的推行范围相对比较低，接受到这三种技术服务的社区比例分别只有 32%、32%和 22%。只有很少的地方政府推行过抗风暴技术和免耕技术，接受到这两种技术服务的社区比例均不到 20%。不过，分省来看，五个样本省中最靠近北方的河南省抗冻技术和免耕技术的推行范围最广（52%），而广东省抗风暴技术的推行范围则是五个样本省中最高的（35%），原因是广东地处沿海，相比更容易遭受风暴的侵袭。这表明，地域气候差异可能是影响地方政府“有选择”地推行不同生产技术的重要原因。

表 6.18 进一步从乡镇层面统计了地方政府在应对气候变化方面的风险管理举措。这些风险管理措施包括建立气象预警站和制定抗灾规章制度。

表 6.18　乡镇应对气候变化的风险管理举措

风险管理举措	平均	河南	江西	广东	江苏	云南
总样本数/个	75	9	30	18	9	9
气象预警站/%	21	100	0	0	55	22
平均覆盖村庄数/个	27	39	—	—	12	13
建立到村一级/%	5	11	—	—	33	0
针对旱灾制定规章制度/%	44	100	32	37	33	50
针对洪涝灾制定规章制度/%	30	22	33	34	22	30

资料来源：CCAP 2012 年调查

注：针对气象预警站的统计是基于 2010～2012 年的结果；针对旱灾和洪涝灾制定规章制度的统计是基于 2005～2009 年的结果

首先，整体来看，在 2010～2012 年，有 21%的样本乡镇有气象预警站，平均每个气象预警站能够覆盖的社区数量达到了 27 个。[①]不过，这些气象预警站目前大多位于乡镇一级，尚没有大范围建到村一级；在那些拥有气象预警站的地区，只有 5%的预警站建到了村一级。此外，不少乡镇政府在 2005～2009 年制定了应对旱灾和洪涝灾的规章制度。比如，针对旱灾和洪涝灾制定规章制度的乡镇分别占总样本的 44%和 30%。

① 调查中发现，这些预警站并非全部由乡镇政府投资建立，其建设资金往往来自上级政府。

其次，乡镇应对气候变化的风险管理措施在地区之间存在较大差异。比如，在河南省，所有调查的乡镇样本均有气象预警站和发布过抗旱规章制度，相比之下，在江西和广东乡镇一级完全没有气象预警站。

6.5 本章小结

本章基于中国五省的大规模农户、社区和乡镇政府的实地问卷调查数据，详细分析了不同主体采取的与适应气候变化相关的措施和政策。

研究发现，水稻生产中不同主体在气候比较正常的年份和受灾年份（干旱或洪涝发生严重年份）均采取了多种类型的措施，这些措施涵盖农田管理、节水技术、工程水利基础设施、风险管理和能力建设等多方面的具体措施。具体来看，农户层面主要采取的措施包括调整作物品种、调整播种或收获日期、补种（苗）、扶苗定苗洗苗和调整排灌强度等农田管理类措施，以及地面管道、沟灌或畦灌、免耕和秸秆还田等节水技术以及清理沟渠等工程类措施。地方政府和社区采取的措施主要是与灾害相关的政策支持和生产技术服务。

更重要的是，在受灾年份（干旱或洪涝发生严重年份），不同适应主体对这些措施的采用比例比正常年份的采用比例更高。但是，该结果是否就意味着这些措施的采用是应对极端气候事件发生的适应措施呢？因为很多措施（比如农户的农田管理措施）可能并不是针对极端气候事件的，虽然简单的描述性统计显示许多措施在受灾年的采用比例高于正常年的采用比例，但是其中的差异可能受其他诸多因素的影响。以此而论，本章讨论的各类措施尚不能直接归为适应措施。

因此接下来，需要建立计量经济模型，在控制其他各种因素的条件下，定量识别极端气候事件发生对措施采用的影响。毫无疑问，只有那些受极端气候事件显著影响的措施采用，才可以归为“适应”。此外，如果这些措施的确是针对极端气候事件发生而实施的，那么就抵御气候变化风险而言，适应措施是否发挥了作用？这些问题将在接下来的第 7 章和第 8 章进行深入分析。不过，由于各种主体采用的措施种类繁多，工程类适应措施涉及长期投入，其影响机理相对复杂，因此接下来将专门以农户的农田管理类措施（补种和灌溉）为案例，深入分析这些农田管理类措施采用的决定因素及其实施效果。

第 7 章　农户农田管理类措施采用的决定因素

自然科学家的大量农学实验和模拟研究表明，农田管理是影响农业生产的重要因素（Luo et al.，2009；Tao and Zhang，2010；Nendel et al.，2014；Xiao and Tao，2014）。在第 6 章中，对农户水稻生产中应对气候变化适应策略的统计描述结果，为自然科学家的实验研究提供了现实证据：改用新品种、补种（苗）、扶苗定苗洗苗、灌溉等农田管理措施是农户灵活应对极端气候事件的重要适应举措。

本章意在探究两类主要的农田管理措施（灌溉和补种）采用的决定因素，以进一步理解微观个体适应气候变化的决策机理。为实现上述目的，余下各节分别按如下四方面内容展开讨论：①简述分析的样本；②实证分析农户增强灌溉的决定因素，灌溉是农户水稻生产中应对干旱的重要措施之一；③实证分析决定农户补种（苗）措施采用的决定因素；④本章小结。

7.1　分析所用样本

前文表 3.2 报告了本章分析所用的五省水稻生产样本。水稻总地块数为 3754，两年（正常年和受灾年）的数据合计样本量为 7508。本章主要关注灾害信息预警、政府抗灾政策、水利基础设施条件、农户家庭特征和土地特征等因素对农户农田管理类措施采用的影响。在具体分析每一类适应措施采用的决定因素时，再分别报告所采用的样本。

7.2　水稻灌溉及其决定因素

7.2.1　极端干旱事件、水利基础设施条件与农户灌溉

正如前面讨论的，为考察农户灌溉强度对水稻单产的影响，本章采用了在正常年和受灾年均种植水稻的农户的调查样本，然后比较农户在不同年份类型下灌溉行为及水稻单产。但是，前文表 6.8 的统计结果显示，相比正常年而言，农户在严重干旱年的灌溉强度会更高。直观来看，这种关系似乎与预期不一致，因为旱灾发生期间，往往意味着灌溉用水的可获得性降低，因此相应地农户对水稻的灌溉强度也会降低。

然而，一旦将农田水利基础设施加以考虑，上述疑惑便迎刃而解。农户之所以在旱灾年仍然可以增加对水稻的灌溉，恰恰是因为当地具备了较好的农田水利设施条件。表 7.1 显示，除社区水库外，在那些具有较好水利基础设施和良好地形的地区，农户的灌溉强度趋向于更高。虽然社区水库的表现不明显，但由于没有控制更多与水库相关同时也影响农户灌溉的因素，因此水库真实的作用需要在计量经济模型估计中得以识别。

表 7.1　农田基础设施条件对灌溉的作用

基础设施条件	地块数	灌溉（1＝灌溉，0＝无灌溉）/%	灌溉强度/次
乡镇水利基础设施条件			
较好	1164	94	7.4
中等	908	96	8.3
较差	826	80	5.8
社区水库用水的可获得性			
是	1360	89	6.8
否	1538	91	7.6
村主要地形			
平地	1462	96	8.6
山地或丘陵	1436	84	5.7

资料来源：CCAP 2012 年调查

注：数据只包括旱灾样本，总样本量为 2898

比较表 6.8 和表 7.1 不难发现，在旱灾发生的时候，农田水利基础设施的作用才被凸显出来。这可能意味着，在那些没有良好水利基础设施的地区，旱灾发生对水稻生产的负面影响可能会比较大。

7.2.2　抗旱政策与灌溉措施采用

除了当地水利基础设施条件影响农户的灌溉行为外，与抗旱相关的地方政府政策也可能影响农户的灌溉决策。表 7.2 报告了样本区政府抗旱政策资金支持与农户灌溉采用之间的关系，不难发现，在那些接受到地方政府抗旱政策资金支持的社区，灌溉比重和农户的灌溉强度均比那些没有接受到地方政府抗旱政策资金支持社区的要高。在地方政府的抗旱政策一揽子方案中，抗旱资金补助意在帮助社区和农户用于灌溉水的动力费用或购买灌溉设备（比如水泵）。实际中，这笔资金可能在得到大多数村民同意的基础上，直接由社区管理并用于应对旱灾，也可能发放到农户个体手中，由农户直接用于抗旱支出。无论如何，当地政府的抗旱资金资助有助于增强农户对灌溉用水的可获得性。

表 7.2 政府抗旱政策资金支持对农户灌溉的影响

是否接受到当地政府抗旱政策资金支持	灌溉（1 = 灌溉，0 = 无灌溉）/%	灌溉强度/次
否	92	7.6
是	95	8.3

资料来源：中国科学院 CCAP 2012 年调查

注：数据包括所有样本，总样本量为 7508

不过，地方政府的抗旱资金补助政策实施范围并不大。表 7.3 报告了当地政府对社区抗旱资金的资助情况。结果显示，接受到当地政府抗旱资金资助的社区数量仅仅占总样本的 6%。如果情况真如表 7.3 所显示的，那么进一步提高抗旱资金资助政策的覆盖面，可以提高更多农户在面临干旱风险时的适应能力。

表 7.3 当地政府对社区抗旱资金的资助情况

社区类型	社区数量	比例/%
总社区数量	225	100
没有接受到当地政府抗旱资金资助的社区数量	212	94
接受到当地政府抗旱资金资助的社区数量	13	6

资料来源：中国科学院 CCAP 2012 年调查

注：数据包括所有社区样本

上述描述性统计分析为考察极端气候事件、农田水利基础设施以及地方政府的应灾政策等因素对农户灌溉措施采用的影响提供了初步的证据。初步分析表明，农田水利基础设施条件以及地方政府的应灾政策与农户水稻生产中的灌溉措施采用正相关。不过，由于描述性统计分析并没有控制其他因素的影响，因而很难识别出上述这些因素对灌溉措施采用的因果关系。为此，下一小节将建立多元回归模型对此进行进一步分析，尤其关注水利基础设施的作用。

7.2.3 计量经济模型

为定量识别极端气候事件、农田水利基础设施以及地方政府的应灾政策等因素对农户灌溉措施采用的边际影响，结合水稻生产调查数据，建立如下计量经济模型：

$$\mathrm{IG}_{ikt}=\beta_0+\gamma \mathrm{IV}_{vt}+(\beta_1+\beta_2\times Z_{vt})W_{ct}^{d}+\beta_3 W_{ct}^{f}+\beta_h H_{it}+\beta_l L_{ik}+\beta_t T+\beta_p P+\mu_{ikt} \quad (7.1)$$

式（7.1）中的下标定义与式（3.3）完全相同。被解释变量 IG_{ikt} 表示农户 i 在地块 k 上的灌溉强度，它是一个离散变量，表 7.4 给出了它的描述性统计。

表 7.4　变量的描述性统计（一）

变量名	均值	标准差
灌溉强度（次数）	7.632	6.485
是否发生干旱（是 = 1，否 = 0）	0.193	0.395
是否发生洪涝（是 = 1，否 = 0）	0.307	0.461
交互项（较好水利基础设施×是否发生干旱）	0.078	0.267
交互项（中等水利基础设施×是否发生干旱）	0.060	0.238
交互项（是否有水库×是否发生干旱）	0.091	0.287
交互项（是否平地×是否发生干旱）	0.097	0.296
社区是否得到地方政府抗旱资金资助（是 = 1，否 = 0）	0.056	0.231
户主性别（1 = 男，0 = 女）	0.983	0.129
户主年龄（岁）	54.13	9.55
户主受教育年限（年）	6.630	3.066
家庭土地规模（公顷）	1.524	3.184
家庭一般组（富裕 = 1，其他 = 0）	0.003	0.052
家庭富裕组（一般 = 1，其他 = 0）	0.016	0.126
是否壤土（是 = 1，否 = 0）	0.427	0.495
河南省（河南 = 1，其他 = 0）	0.006	0.080
江西省（江西 = 1，其他 = 0）	0.548	0.498
广东省（广东 = 1，其他 = 0）	0.358	0.479
江苏省（江苏 = 1，其他 = 0）	0.074	0.261
云南省（云南 = 1，其他 = 0）	0.014	0.116
年份虚变量：2012 年（2012 年 = 1，其他 = 0）	0.473	0.499
年份虚变量：2011 年（2011 年 = 1，其他 = 0）	0.303	0.460
水稻作物虚变量：中稻（中稻 = 1，其他 = 0）	0.253	0.435
水稻作物虚变量：晚稻（晚稻 = 1，其他 = 0）	0.388	0.487

资料来源：CCAP 2012 年调查

注：样本量为 7508

式（7.1）中解释变量定义如下：IV_t 是一个政策变量，表示本村在第 t 年是否接受到上级政府（乡或县级政府）的抗旱资金资助（接受到 = 1，没有接受到 = 0）；W_{ct}^{d} 表示第 i 个农户所在第 c 个县第 t 年的旱灾虚变量（发生旱灾 = 1，没发生旱灾 = 0）；类似地，W_{ct}^{ff} 表示第 i 个农户所在第 c 个县第 t 年的洪涝灾虚变量（发生洪涝灾 = 1，没发生洪涝灾 = 0）；Z_{vt} 表示一组反映村或乡镇水利基础设施条件的变量（v 表示村或乡镇），包括村水库虚变量（有直接灌溉的水库 = 1，无直接灌溉的水库 = 0）、乡镇水利设施条件（高水利条件和低水利条件两个虚变量，对照组为中等水利条件）；L_{ik} 表示一组耕地特征变量，包括土壤类型（壤土 = 1，其他 = 0）、土壤质量（高质量地块和低质量地块两个虚变量，对照组为中等质量地块）、耕地地形（耕地在平原 = 1，耕地在丘陵等其他地形 = 0）；H_{it} 表示一组反映农户和家庭特征的变量，包括户主年龄、户主受教育程度、家庭财富（比较富裕和一般两个虚变量，对照组为贫穷组）等，H_{it} 对同一个农户的不同地块而言是固定不变的。

T 包括两个时间虚变量，分别为 T_{2011}（2011 年 = 1，其他年份 = 0）和 T_{2012}（2012 年 = 1，其他年份 = 0），用以作为技术进步的代理变量。为控制不可观测的不因时间而异的地区因素，在生产函数中也包括了 4 个省级虚变量，用 P 表示（对照组为河南），以控制随时间不变的同时也影响农户适应决策的地区不可观测特征因素（比如种植模式、地理位置及水资源管理政策制度等）。误差项为 μ_{ikt}，服从独立同分布假设。所有这些变量的统计描述报告在表 7.4 中。

这里感兴趣的参数是模型（7.1）中的参数 β_1 和 β_2。在模型中控制了一组旱灾发生虚变量与水利基础设施条件变量的交叉项，从而可以识别旱灾发生对水稻灌溉的影响是否因水利基础设施的存在而降低。所以，β_1 测度了在保持其他条件不变时干旱对水稻灌溉的影响，而 β_2 则反映出水利基础设施在抵御旱灾发生时对水稻灌溉影响的效果。可以预期，如果 β_1 为负，表明旱灾的发生抑制了农户灌溉；如果 β_2 大于 0，则表明水利基础设施的存在降低了旱灾发生对水稻灌溉的影响。

由于重在识别影响农户水稻灌溉的决定因素，这里采用两年（正常年和受灾年）的混合数据估计模型（7.1），这样可以识别不同灾害类型的发生对灌溉的影响。采用两年混合数据估计的样本数为 7508。

7.2.4　实证估计结果

表 7.5 报告了基于 OLS 方法估计模型（7.1）的边际影响结果。整体来看，表 7.5 显示的边际影响系数符号与前面描述性统计分析结果（表 6.8 和表 7.2）以及理论预期基本保持一致。当保持其他因素不变时，旱灾发生显著降低了农户水稻灌溉强度。比如，相比正常年而言，在干旱发生年份，水稻的平均灌溉

次数要降低两次。这可能意味着，干旱的发生确实影响样本区水稻农户的灌溉行为。相反，在涝灾发生年份，水稻的平均灌溉次数要增加约 0.5 次。一种可能的解释是，洪涝的发生往往会使得稻田附近的河流和池塘积蓄一定的灌溉用水，因而有助于农户增加灌溉次数。

表 7.5　农户水稻生产中灌溉的决定因素估计结果

解释变量	灌溉强度（次数）
极端气候变量	
是否发生干旱（是＝1，否＝0）	−2.108***
	（−5.459）
是否发生洪涝（是＝1，否＝0）	0.456**
	（2.442）
基础设施与极端气候事件交互项	
交互项（较好水利基础设施×是否发生干旱）	1.068***
	（3.016）
交互项（中等水利基础设施×是否发生干旱）	1.605***
	（3.720）
交互项（是否有水库×是否发生干旱）	0.698**
	（2.223）
交互项（平地地形×是否发生干旱）	1.971***
	（6.197）
政策变量	
是否得到地方政府抗旱资金资助（是＝1，否＝0）	1.535***
	（4.052）
家庭特征变量	
户主性别（1＝男，0＝女）	1.675***
	（3.335）
户主年龄（岁）	0.001
	（0.127）
户主受教育年限（年）	−0.050*
	（−1.931）
家庭土地规模（公顷）	0.126***
	（4.749）
家庭财富虚变量（基组：贫穷组）	
家庭一般组（一般＝1，其他＝0）	−4.578***
	（−7.792）

续表

解释变量	灌溉强度（次数）
家庭富裕组（富裕＝1，其他＝0）	1.406**
	（2.183）
是否壤土（是＝1，否＝0）	−0.950***
	（−6.492）
年份虚变量（基组：2010 年）	
2012 年（2012 年＝1，其他＝0）	0.161
	（0.722）
2011 年（2011 年＝1，其他＝0）	−0.514**
	（−2.099）
水稻作物虚变量（基组：早稻）	
是否中稻（中稻＝1，其他＝0）	0.153
	（0.746）
是否晚稻（晚稻＝1，其他＝0）	−0.506**
	（−2.202）
省虚变量	—
常数项	9.952***
	（8.166）
观测值	7508
R^2	0.072

注：括号中为稳健性 t 统计量

*** $p<0.01$，** $p<0.05$，* $p<0.1$

结果与预期相符：首先，农田水利基础设施条件能够显著抵御干旱发生对农户灌溉用水的可获得性。结果显示，农户所在乡镇水利基础设施条件比较好、农户所在社区拥有能够直接获得灌溉用水的水库、农田所在地势相对平坦的那些稻田在旱灾发生条件下，更容易增加灌溉强度，从而抵御干旱的负面影响。比如，相对于那些水利基础设施比较差的地区而言，水利基础设施条件好的乡镇，农户的灌溉强度要增加约 1～2 次。社区拥有能够直接获得灌溉用水水库的农户，其灌溉次数比没有水库的社区农户灌溉次数要多至少 0.5 次。这与 Yu 等（2013）针对越南稻农的实证研究结果基本一致，他们发现，虽然气候变化能够潜在降低水稻产量，但是农村水利基础设施（灌溉条件）投资有助于帮助稻农采取适应措施（比如增强灌溉），从而抵御气候变化的负面影响。

其次，地方政府提供的抗旱资金对农户增强灌溉具有显著促进作用。保持其他因素不变，平均而言，获得地方政府抗旱资金支持的社区稻农，其灌溉强度要比那些没有获得政府抗旱资金资助的农户高约 1.5 次。该结果证实了政府政策在帮助农户应对旱灾中的重要作用。

再次，家庭人口和土地特征也是影响农户水稻灌溉的重要因素。比如，户主是男性的家庭比户主为女性的家庭更容易增加灌溉。不过，户主受教育年限对灌溉强度的影响显著为负，可能意味着对那些受过更高教育的农户而言，在应对旱灾方面采取了替代灌溉的节水技术或其他农田管理措施，因而灌溉强度较低。家庭财富拥有量也是决定农户是否增强灌溉的重要因素。拥有较高财富的农户越倾向于增强灌溉，原因是家庭越富裕，其购置灌溉设备的能力越强。土壤类型也会显著影响农户的灌溉强度。其他因素不变，土质为壤土的稻田比沙土稻田的灌溉强度要小，原因不言而喻，壤土质地兼有黏土和沙土的优点，在相同条件下的通气透水、保水性都比其他类型土壤要好。此外，处于平地的水稻地块相比于丘陵和山区地块而言，更容易增加水稻灌溉次数。

最后，农户水稻的灌溉强度在不同地区、早晚稻之间存在显著差异。按照前面的分析，灌溉对于地区水利设施条件以及地表水的可获得性比较敏感，在不同地区，不同作物生长期，由于水利基础设施条件的不同以及降水量的变化，可能导致水稻的灌溉强度也不一样。

7.3　水稻补种（苗）措施采用及其决定因素

补种（苗）是农户针对外界环境变化导致农田作物潜在受损而采用的一种补救措施，是农户种植业生产中非常重要的一种农田管理策略。补种（苗）一般发生在作物种植（播种）到分蘖前期的一段时间，具体补种（苗）时间可能因不同作物而不同。对水稻而言，补种（苗）发生在播种期（育秧）或移栽期（插秧）前后，其原因主要是由干旱导致的育秧失败或由洪涝导致的秧苗倒伏，因而需要重新播种或插秧。对农户实际水稻生产中补种（苗）措施采用的决定因素进行实证分析有助于更好地理解农户应对极端气候事件发生的策略。

7.3.1　描述性证据

基于调研数据，前文表 6.10 报告了农户补种（苗）措施在正常年和受灾年的采用情况。统计结果说明，有 22%的样本地块上采用了补种（苗）措施，并且农户在受灾年份采用补种（苗）措施的比例要略微高于正常年采用比例。除此之外，还有哪些因素也影响农户对补种（苗）措施的采用呢？在定量识别影响农户采用补种（苗）措施的决定因素之前，接下来对所关注的政府灾害预警信息、抗灾政策，以及农户非农就业等因素与农户补种（苗）措施采用之间的关系进行描述性统计分析。

首先，表 7.6 报告了政府灾害预警信息、抗灾技术服务与农户补种（苗）措施采用之间的关系。可以发现，在那些接受到政府抗旱技术服务的社区里，农户补种（苗）措施采用的比重（24%）要高于没有接受到政府抗旱技术服务的社区（21%）。另外，在灾害发生前后，政府是否提供预警信息同样也影响农户的补种（苗）决策。平均来看，在那些接受到政府洪涝灾前预警信息服务的社区里，农户补种（苗）措施采用的比重（25%）要明显高于没有接受到政府预警信息的社区（18%）。不仅如此，在那些接受到政府洪涝灾后预警信息服务的社区里，农户补种（苗）措施采用的比重（27%）同样要明显高于没有接受到政府预警信息的社区（19%）。上述统计结果似乎表明，政府的这些抗灾技术和预警信息服务，可以帮助农户在应灾过程中积极采取应对措施，从而提高应对自然灾害的能力，降低灾害发生对水稻生产的潜在影响。

表 7.6　政府抗灾政策供给与农户补种（苗）措施采用之间的关系（单位：%）

政府抗灾政策类型	采用补种（苗）措施比例
社区是否接受到政府抗旱技术服务	
是	24
否	21
社区是否接受到政府洪涝灾前预警信息服务	
是	25
否	18
社区是否接受到政府洪涝灾后预警信息服务	
是	27
否	19

资料来源：CCAP 2012 年调查与统计

注：总样本量为 7508

其次，表 7.7 报告了家庭生产特征和土地特征与农户补种（苗）措施采用的关系。从家庭生产特征来看，与预期相符，家庭非农就业劳动时间比例越高，农户补种（苗）的机会成本就会越高，因此农户倾向于不采用补种（苗）。家庭人均经营耕地面积与农户补种（苗）措施采用比例正相关。可能的原因是，人均经营耕地面积越多的家庭实施规模化经营的概率越高，农业生产是家庭的重要收入来源，因而农户越倾向于采取补救措施以降低潜在损失。家庭种植作物数量越多，其采取补种（苗）措施的可能性就会越低。作物种植数量在一定程度上反映了农户应对生产风险的管理策略，通过多种作物经营以分散风险。如果家庭作物种植数量越多，当自然灾害导致其中一种作物（比如水稻）生产受损时，由于还有其他作物抵抗风险，因此农户采取补救措施的可能性和积极性会降低。

表 7.7　家庭经济和土地特征与农户补种（苗）措施采用之间的关系

项目	采用补种（苗）措施比例/%
家庭非农劳动时间比例	
＜0.19	8.2
0.19～0.42	7.8
≥0.42	5.9
家庭人均经营耕地面积	
＜0.07 公顷	6.1
0.07～0.2 公顷	6.7
≥0.2 公顷	9.0
家庭种植作物数量	
≤2	7.6
3	7.1
≥4	7.0
土壤质量	
高	4.2
中等及以下	17.6
地形	
平原	12.6
非平原	9.2

资料来源：CCAP 2012 年调查与统计

注：总样本量为 7508

表 7.7 还显示土地特征与农户补种（苗）措施的采用存在相关性。同样如前文所预期，土壤质量高的地块，由于抵御自然灾害的能力更强，从而减少了农户对补救措施的采用。此外，相对于山地或丘陵地形的地块而言，农户在平原上采取补种（苗）措施的概率更高。不难理解，补种（苗）需要花费一定的时间和物资成本，相对于山地或丘陵地形而言，平原上补种更有可能挽回损失。

7.3.2　计量经济模型

为了定量识别政府抗灾政策服务、家庭经济特征和土地特征等因素对农户补种（苗）措施采用的影响，设定如下计量经济模型进行分析：

$$\mathrm{RS}_{ikt}=\beta_0+\beta_1W_{ct}^d+\beta_2W_{ct}^f+\beta_3\mathrm{IV}_{vt}+\beta_4H_{it}+\beta_5L_{ik}+\beta_6R_v+\beta_7P+\varepsilon_{ikt} \tag{7.2}$$

其中，被解释变量 RS_{ikt} 表示农户 i 在地块 k 上是否采用补种（苗）措施，它是一个二值变量。

式（7.2）中解释变量具体定义如下。IV_t 是一组反映政府政策和社区抗灾服务的变量（v 表示社区），包括社区是否接受到政府抗旱技术服务（接受到 = 1，没有接受到 = 0）、社区是否接受到政府洪涝灾前预警信息（接受到 = 1，没有接受到 = 0）、社区是否接受到政府洪涝灾后预警信息（接受到 = 1，没有接受到 = 0）。H_{it} 表示一组反映农户和家庭特征的变量，包括户主年龄、户主受教育程度、家庭非农劳动时间比例、家庭人均经营耕地面积（公顷）、家庭种植作物数量、家庭财富（千元）等，这些变量对同一个农户不同地块而言是固定不变的。L_{ik} 表示一组耕地特征变量，包括土壤质量（高质量地块 = 1，中等及以下质量地块 = 0）、耕地地形（耕地在平原 = 1，耕地在丘陵等其他地形 = 0）。R_v 表示社区是否接受到抗旱技术服务（接受到抗旱技术服务 = 1，没有接受到抗旱技术服务 = 0），该变量用来反映社区农业生产技术服务水平。模型（7.2）中其他变量的解释与模型（7.1）相同。表 7.8 给出了主要变量的描述性统计，其他变量报告在表 7.4 中。

表 7.8　变量的描述性统计（二）

变量名	均值	标准差
是否补种（苗）（是 = 1，否 = 0）	0.218	0.413
社区是否接受到政府洪涝灾前预警信息（是 = 1，否 = 0）	0.529	0.499
社区是否接受到政府洪涝灾后预警信息（是 = 1，否 = 0）	0.346	0.476
家庭人均经营土地面积（公顷）	0.342	0.686
家庭非农就业劳动时间分配比重（家庭非农就业时间/家庭总劳动力时间）	0.283	0.208
家庭种植作物总数	3.328	1.550
家庭财富（家庭住房价值，万元）	14.229	25.6
土壤质量（1 = 高质量土地，0 = 中等及以下质量土地）	0.221	0.415
土地地形（1 = 平原，0 = 山地或丘陵）	0.494	0.500
社区是否实施抗旱技术服务（是 = 1，否 = 0）	0.239	0.426

资料来源：CCAP 2012 年调查

注：样本总量为 7508。其他变量的描述性统计已经报告在表 7.4 中

根据本节所用数据特征，设置如下估计方法：第一，因为被解释变量为二值变量，所以采用 Probit 估计模型（7.2），并且也将估计各解释变量的边际概

率；第二，为了控制各省的特质，估计时对省虚变量进行控制。具体结果报告在表 7.9 中。

表 7.9　Probit 估计的边际影响结果

解释变量	是否补种（苗）（1 = 是，0 = 否）
极端气候变量	
是否发生洪涝（是 = 1，否 = 0）	0.023*
	(1.677)
是否发生干旱（是 = 1，否 = 0）	0.017
	(1.004)
政策变量（工具变量）	
社区是否接受到政府洪涝灾前预警信息（是 = 1，否 = 0）	0.046***
	(3.921)
社区是否接受到政府洪涝灾后预警信息（是 = 1，否 = 0）	0.023**
	(1.948)
家庭特征变量	
户主性别（1 = 男，0 = 女）	0.028
	(0.772)
户主年龄（岁）	−0.0002
	(−0.385)
户主受教育年限（年）	−0.002
	(−0.943)
家庭非农就业劳动时间比重	−0.050**
	(−2.109)
家庭种植作物总数	−0.012***
	(−3.670)
家庭人均经营耕地面积（公顷）	0.045***
	(6.494)
家庭财富（万元）	−0.00002
	(−0.105)
土地特征变量	
土壤质量（1 = 高质量土地，0 = 中等及以下质量土地）	−0.023**
	(−1.999)

续表

解释变量	是否补种（苗）（1 = 是，0 = 否）
土地地形（1 = 平地，0 = 山地或丘陵）	0.061***
	（5.918）
社区是否实施抗旱技术服务（是 = 1，否 = 0）	0.027**
	（2.348）
年份虚变量（基组：2010 年）	
2012 年（2012 年 = 1，其他 = 0）	0.046***
	（3.074）
2011 年（2011 年 = 1，其他 = 0）	0.043***
	（2.632）
水稻作物虚变量（基组：早稻）	
是否中稻（中稻 = 1，其他 = 0）	−0.005
	（−0.349）
是否晚稻（晚稻 = 1，其他 = 0）	−0.001
	（−0.119）
省虚变量	略
观测值	7508
Wald Chi2（Wald 卡方值）	237.1
伪 R^2	0.032

注：括号中为稳健性 z 统计量

*** $p<0.01$，** $p<0.05$，* $p<0.1$

7.3.3 估计结果

多变量回归分析的结果与前面描述性分析结果相一致。Wald Chi2 检验结果表明估计结果是有效的。具体来看，有如下重要发现。

第一，极端气候事件（洪涝灾和旱灾）的发生会促使农户采取补种（苗）措施。具体来看，洪涝灾害发生对农户采取补救措施影响的边际概率为 2.3%，并且在统计上非常显著。虽然旱灾发生的影响同样为正，但是统计上不显著。

第二，政府预警信息服务能够显著促进农户对补种（苗）措施的采用。比如，政府洪涝灾前预警信息服务对农户补救措施采用的边际影响为 4.6%，政府洪涝灾后预警信息服务对农户补救措施采用的边际影响为 2.3%。该结果证实了当地政府的抗灾政策能够帮助农户采取措施应对自然灾害。

第三，家庭非农就业劳动时间比重对农户补种（苗）措施采用具有显著负向作用。农户家庭非农就业劳动时间比重越高，其采取补种（苗）措施的概率就会越低。由于补种（苗）需要花费较大的人工投入，考虑到农业劳动投入的潜在机会成本，不难理解上述这种效应。

第四，家庭种植作物数量显著负向影响农户的补种（苗）措施采用。正如前面所分析的，增加家庭种植作物数量在一定程度上代表了农户应对外界环境变化、降低农业生产风险的措施。家庭种植作物数量越多，意味着农户抗风险能力越强，因而多样化种植降低了农户采取补救措施的概率。家庭人均经营耕地面积对农户补种（苗）措施采用的影响显著为正。这表明，耕地经营规模越大的农户，可能农业生产收益占家庭收益比重越大，因而更重视采取补救措施降低农业生产的潜在损失。

第五，土地特征也是影响农户补种（苗）措施采用的重要因素。其中，相比于高质量土地，中等及以下质量土地的水稻因其更容易遭受自然灾害的侵袭，从而更可能获得农户的补种（苗）措施。此外，农户似乎更愿意在平地上采取补救措施，可能的原因是平地相比山地或丘陵更容易获得投资回报。

第六，两个年份虚变量显著为正。这意味着农户采取补种（苗）措施的概率逐渐增加，农户适应气候变化风险的能力不断增强。其他变量的影响方向符合理论预期，但是不显著。

7.4　本章小结

本章基于五省的农户和社区水稻生产调查数据，重点分析了农户在应对气候变化中对灌溉和补种（苗）两类农田管理措施采用的决定因素。试图回答的问题是，为什么有些农户能够增加措施采用来应对气候变化对水稻生产的潜在负面影响。实证分析主要得出如下结论。

首先，极端气候事件的发生显著影响农户的灌溉和农田管理行为。该结果表明，农户灌溉和农田管理措施的采用属于应对极端气候事件的适应行为。面对极端气候事件的发生，农户通过调整灌溉和采用更多的农田管理措施，以降低极端气候事件对水稻生产的负面影响。

其次，地方政府抗灾政策与生产技术服务是促进农户农田管理措施采用的重要驱动因素。这表明，地方政府和社区应对气候变化政策和服务的提供是提高农户适应气候变化能力的关键。在全球气候变暖以及极端气候事件发生频率趋势增加的背景下，地方政府需要加大对农户应灾过程中的政策扶持力度。

再次，良好的农田水利基础设施能够显著促使农户积极采取应对气候变化的措施（比如加强灌溉）。分析表明，虽然旱灾的发生制约了农户灌溉用水的可获得性，但是因为水库和水坝等水利设施的存在，旱灾对农户灌溉措施采用的限制在很大程度上得以缓解。该结果意味着，水利基础设施投资与建设仍然是农业生产中应对气候变化风险的重要措施。

最后，农户自身家庭和土地特征也是决定农户是否采取适应措施的关键因子。这些因素包括家庭非农就业劳动时间、家庭经营土地面积、家庭种植作物总数、土地地形、土壤质量等反映农户人力资本和自然资本的因素。这意味着，要提高农户应对气候变化的适应能力，如何提高生产者的人力资本和生产条件也是政策制定中需要重点考虑的方向。

第 8 章　农田管理适应措施效果评估

前文第 6 章和第 7 章分析详细描述了农户、社区和乡镇政府采取的广泛适应气候变化的措施，并定量识别了农户农田管理措施采用的决定因素，这对于了解不同利益主体在水稻生产中如何应对气候变化提供了有力证据。

但紧接着的问题是，农户采取的这些适应措施是否发挥了抵御气候变化、提高水稻产出的效果呢？到目前为止，农户适应措施在抵御气候风险方面到底发挥了怎样的作用仍然不清楚。尽管大量的适应策略在农业生产实践中被广泛采用，但并非所有适应措施均能发挥有效抵御气候变化冲击的作用，即使一些措施具有潜在成效，但是对提高水稻单产的影响幅度有多大依然不确定。

基于第 7 章的分析，本章的目的是，评估两类农户重要的适应气候变化措施——增强灌溉和补种（苗）——对抵御气候变化风险的效果。为实现该目标，接下来将就如下两方面的具体内容开展实证定量分析：8.1 节分析灌溉对水稻单产的影响；8.2 节分析补种（苗）对水稻单产的影响。最后是本章小结。

8.1　灌溉对水稻单产的影响

7.2 节已经定量识别了农户灌溉的决定因素以及水利基础设施在抵御旱灾、提高农户灌溉方面的显著效果。该分析结果为接下来进一步分析灌溉和水利基础设施对水稻单产的影响提供了基础。本节通过实证定量研究，主要回答如下两个问题：①灌溉对水稻单产的边际影响有多大；②水利基础设施在抵御干旱风险对水稻单产影响方面是否发挥了作用。

8.1.1　数据及描述性证据

本节所用的数据与 7.2 节分析灌溉措施采用决定因素模型所用数据完全相同。数据涵盖五省两年（正常年和受灾年）共 7508 个水稻生产样本。为更好地定量分析灌溉和水利基础设施在抵御极端气候事件（干旱和洪涝）上的作用，首先对农户灌溉和水稻单产的关系进行简单统计分析。

在定量识别农户灌溉的实施效果之前，简要描述一下水稻生产在不同灌溉条件下是否存在显著差异。表 8.1 汇报了不同灌溉条件下的水稻单产。首先，总体来看，样本区的水稻平均单产为 5631 千克/公顷，其中中稻和晚稻的单产水平高于早稻。其次，正如所预期的，灌溉地的水稻单产显著高于非灌溉地单产。最后，地表水灌溉单产要高于地下水灌溉单产。由于样本区以地表水灌溉为主（表 6.9），因此地表水的可获得性直接决定农户的灌溉强度，进而影响水稻单产。

表 8.1　不同灌溉条件下的作物单产

作物	平均单产/(千克/公顷)	灌溉地单产/(千克/公顷)	地表水灌溉单产/(千克/公顷)	地下水灌溉单产/(千克/公顷)	联合灌溉单产/(千克/公顷)	非灌溉地单产/(千克/公顷)	增长百分比/%
水稻	5631	5687	5724	5034	5624	5094	12***
早稻	5031	5079	5131	4698	4490	4714	8***
中稻	6671	6712	6741	5759	6346	6262	7***
晚稻	5508	5579	5560	5175	6124	4549	23***

资料来源：CCAP 2012 年的调查

注：增长百分比是指灌溉地相对于非灌溉地

***表示在 1%水平上显著

进一步地，表 8.2 简单统计了灌溉强度与水稻单产之间的关系。不难发现，随着灌溉次数增多，水稻单产也逐渐增加，意味着二者之间存在正相关关系。该结果为灌溉采用的效果评估提供了基本的描述性证据。不过，由于描述性统计没有控制更多其他影响作物单产的因素，上述结果并不能完全反映出真实的灌溉措施采用对水稻单产的影响。为此，需要进一步建立多元回归模型，在控制其他要素投入的条件下，定量识别灌溉以及水利基础设施对水稻产出的边际影响。

表 8.2　灌溉强度与水稻单产的关系

灌溉强度/次	水稻单产/(千克/公顷)
＜4	5106
4～8	5729
≥8	5948

资料来源：CCAP 2012 年的调查

注：样本量为 7508

8.1.2　计量经济模型及估计策略

1. 模型设定

为定量分析灌溉对水稻单产的作用，计量经济模型设定如下：

$$y_{ikt}=\alpha_0+\theta \mathrm{IG}_{ikt}+(\alpha_1+\alpha_2\times Z_{vt})W_{ct}^d+\alpha_3 W_{ct}^f+\alpha_e E_{ikt}+\alpha_f F_{ikt}+\alpha_h H_{it}+\alpha_l L_{ik}+\alpha_t T+\alpha_p P+\varepsilon_{ikt} \quad (8.1)$$

$$\mathrm{IG}_{ikt}=\beta_0+\gamma \mathrm{IV}_{vt}+(\beta_1+\beta_2\times Z_{vt})W_{ct}^d+\beta_3 W_{ct}^f+\beta_h H_{it}+\beta_l L_{ik}+\beta_t T+\beta_p P+\mu_{ikt} \quad (8.2)$$

式（8.2）即为前文 7.2 节估计灌溉措施采用决定因素的模型（7.1）。所有这些变量的定义与模型（3.6）、模型（7.1）相同，所有自变量的描述性统计结果报告在表 5.1 中，因变量（水稻单产）的描述性统计报告在表 8.1 中。

这里感兴趣的参数是模型（8.1）中的参数 θ 和 α_2。在模型（8.1）和模型（8.2）中均引入了一组旱灾发生虚变量与基础设施条件变量的交叉项，从而可以识别旱灾发生对水稻的影响是否因水利基础设施的存在而降低。所以，θ 测度了在保持其他条件不变时灌溉对水稻单产的作用，而 α_2 则反映出水利基础设施在抵御旱灾发生对水稻单产影响中的效果。基于模型（8.1）和模型（8.2），可以同时估计出农户灌溉与社区和地方政府农田水利基础设施条件在抗旱方面的作用。可以预期，如果 α_w 大于 0，表明灌溉有助于增加水稻单产；如果 α_1 小于 0 但 α_2 大于 0，表明虽然旱灾对水稻单产的影响为负，但是水利基础设施有利于降低旱灾对水稻生产的负面影响。

2. 内生性及工具变量

当灌溉用来解释作物单产或作物收入时，在农户选择灌溉何种作物方面，可能存在内生性问题（Huang et al.，2006）。为此，采用变量“所在村是否接受到上级政府提供的抗旱资金资助”作为农户灌溉强度 IG 的工具变量。这种地方政府对社区抗旱的资金支持，直接影响到农户灌溉措施的采用，而与水稻作物单产结果无关。具体分析如下。

第一，工具变量的相关性。首先，政府对社区抗旱资金资助影响农户的灌溉行为。已有研究证实，政府在抗旱方面的政策支持会显著促进农户在生产中采取应对措施（Chen et al.，2014）。中国政府治理的重要特点之一在于，自然灾害发生之前和之后均会启动救灾方案，包括给受灾地区提供各种资金或物质上的资助，以帮助受灾人群应对灾难。关于对抗旱资金资助政策和农户灌溉的相关强度，已经在第 7 章分析灌溉措施采用的决定因素模型（工具变量的第一阶段）时得到了统计证明。

第二，工具变量的外生性。对本节的分析而言，好的工具变量满足的条件是，工具变量的变动只通过影响个体农户的灌溉决策来影响水稻单产，而不直接影响单产的变动。政府抗旱资金资助政策属于地方政府行为，应该与农户的水稻单产没有直接关系。为进一步检验工具变量的外生性，借鉴 Di Falco 等（2011）的方法，检验政府抗旱资金资助政策是否会直接影响水稻单产。检验的原理是，对于没有灌溉的农户样本而言，工具变量变动但农户灌溉行为不变，这种情况下只要对产出无影响，即说明该工具变量不直接影响单产。相反，如果仅仅简单考察工具变量变动对所有样本单产的影响，由于农户适应措施种类很多，无法证明单产变动是由工具变量变动引起的还是由其他适应措施变动引起的。检验结果报告在表 8.3 中，为简便起见，仅报告了政府抗旱资金资助政策对无灌溉农户样本水稻单产影响的估计结果。结果显示，无论采用混合 OLS 估计还是固定效应估计，结果均表明工具变量与水稻单产之间没有直接关系。结合 7.2 节表 7.5 的第一阶段估计结果（是否得到地方政府抗旱资金资助这一政策变量与灌溉强度的回归结果），基本可以证实该工具变量的外生性。

表 8.3　工具变量的外生性检验

解释变量	水稻单产（对数值）	
	混合 OLS 估计	固定效应估计
社区是否接受到政府抗旱资金资助（1 = 是；0 = 否）	−0.037	0.203
	（−0.203）	（1.414）
常数项	7.074***	6.450***
	（15.935）	（11.523）
观测值	613	613
R^2	0.357	0.296

注：括号中为稳健性 t 统计量，为简便起见，其他控制变量的估计结果没有报告

*** $p<0.01$

3. 估计策略

第一，采用固定效应估计方法直接估计模型（8.1）。第二，为克服潜在的内生性问题，在详细论述工具变量的相关性和外生性条件下，基于模型（8.2）采用 2SLS 对模型（8.1）进行工具变量估计。直接估计结果和工具变量的固定效应估计结果报告在表 8.4 中的第（1）列和第（2）列。第三，采用工具变量估计方法时，通过估计工具变量对无灌溉农户样本水稻单产的影响来检验工具变量的外生性，检验结果报告在表 8.3 中。第四，虽然样本农户来自随机抽样，但同一村内的农户之间的相关性仍然不可避免。因此，估计模型时对标准误差的处理采取了异方差稳健估计量，以克服同村内的样本相互关联性。第五，针对 2SLS 估计结果和 OLS 估计结果的差异，提出了相关诠释，并进行了估计检验，结果报告在表 8.5 中。

表 8.4　灌溉和基础设施对水稻单产的影响估计结果

解释变量	水稻单产（对数值）	
	（1）OLS 估计	（2）2SLS 估计
灌溉强度	0.023***	0.093***
	（3.995）	（2.887）
县级层面极端气候变量		
是否发生干旱（是＝1，否＝0）	−0.114**	−0.107***
	（−2.358）	（−3.111）
是否发生洪涝（是＝1，否＝0）	−0.172***	−0.080***
	（−9.449）	（−5.965）
基础设施与极端气候事件交互项		
交互项（较好水利基础设施×是否发生干旱）	0.067*	0.057**
	（1.927）	（2.113）
交互项（中等水利基础设施×是否发生干旱）	−0.015	−0.026
	（−0.328）	（−0.902）
交互项（是否有水库×是否发生干旱）	0.045	0.045**
	（1.505）	（1.968）
交互项（平地地形×是否发生干旱）	−0.033	−0.025
	（−0.983）	（−1.126）
地块层面极端气候变量		
地块是否遭受洪涝灾（1＝是；0＝否）	−0.408***	−0.310***
	（−10.458）	（−12.336）
地块是否遭受连阴雨（1＝是；0＝否）	−0.190***	−0.145***
	（−3.679）	（−3.083）
地块是否遭受旱灾（1＝是；0＝否）	−0.141***	−0.136***
	（−4.906）	（−7.328）
生产要素投入变量		
劳动力投入（对数值）	0.184**	0.105
	（2.416）	（1.446）
是否采用抗旱品种（1＝是；0＝否）	0.048	0.025
	（0.737）	（0.442）
是否采用早熟品种（1＝是；0＝否）	0.116	0.099
	（1.597）	（1.450）
杀菌杀虫剂投入（对数值）	0.023	0.002
	（0.685）	（0.116）

续表

解释变量	水稻单产（对数值）	
	（1）OLS 估计	（2）2SLS 估计
除草剂投入（对数值）	0.230**	0.136*
	（2.107）	（1.754）
农机投入（对数值）	0.089***	0.038**
	（3.390）	（2.458）
化肥投入（对数值）	–0.043	–0.032
	（–0.949）	（–1.151）
氮肥投入比例	–0.116	0.047
	（–0.664）	（0.422）
钾肥投入比例	0.609	0.264
	（1.234）	（0.671）
家庭经营耕地面积（公顷）	0.012	0.018
	（1.462）	（1.573）
年份虚变量（基组：2010 年）		
2012 年（2012 年 = 1，其他 = 0）	0.234***	0.136***
	（11.528）	（8.770）
2011 年（2011 年 = 1，其他 = 0）	0.247***	0.126***
	（9.554）	（6.560）
常数项	6.574***	6.972***
	（14.520）	（15.270）
观测值	7508	7508
R^2	0.296	0.172
第一阶段估计 Wald Chi2（Wald 卡方值）统计量		281.34

注：括号中为稳健性 t 统计量

*** $p<0.01$，** $p<0.05$，* $p<0.1$

表 8.5　不同水利基础设施条件下农户灌溉对政府抗旱政策的敏感性检验

解释变量	灌溉强度
交互项（社区是否有地方政府抗旱资金资助×社区是否属于灌区）	–0.808**
	（–2.066）
是否有地方政府抗旱资金资助（是 = 1；否 = 0）	0.887***
	（3.899）

续表

解释变量	灌溉强度
是否发生干旱（是＝1，否＝0）	0.271***
	（2.607）
是否发生洪涝（是＝1，否＝0）	−0.144*
	（−1.873）
家庭土地规模（公顷）	−0.004
	（−0.115）
年份虚变量（2012 年＝1，其他＝0）	0.037
	（0.429）
年份虚变量（2011 年＝1，其他＝0）	0.143
	（1.385）
常数项	7.537***
	（75.239）
观测值	7508
R^2	0.011

注：括号中为稳健性 t 统计量。估计方法为固定效应估计
*** $p<0.01$，** $p<0.05$，* $p<0.1$

8.1.3　实证估计结果

从总体上看，灌溉和水利基础设施对水稻单产影响的直接估计结果和工具变量回归结果基本一致（表 8.4）。从表 8.4 可以看出，工具变量模型第一阶段估计 Wald Chi2 统计量达到 281.34，意味着模型运行结果从总体上来说统计检验显著。大多数控制变量的系数符号与预期的结果一致，说明模型总体运行良好且稳定，能较好地解释灌溉和水利基础设施对水稻单产的影响。由于工具变量模型的估计量是一致的，因此有必要放弃 OLS 估计模型而采用 2SLS 的结果。

结果发现：无论采用哪种估计方法，农户灌溉强度变量的系数均显著为正（表 8.4 第 1 行），表明农户增加灌溉，水稻的单产会增加。有意思的是，2SLS 工具变量估计给出了一个比 OLS 估计更大的灌溉效应结果。后者是 0.023，而前者增加到了 0.093，并在 1%水平上显著。根据工具变量估计结果，在保持其他因素不变时，农户灌溉强度每增加 1 次，就会带来水稻单产增长约 9.3%。

如何解释 2SLS 工具变量估计值大于 OLS 估计值呢？一个可能的解释就是，工具变量（地方政府抗旱资金资助）对内生解释变量（灌溉强度）的影响可能并

非均质的（Angrist et al.，2012）。这意味着，水利设施条件比较差的地区对政府抗旱政策更加敏感，政府抗旱资金支持在这些灌溉条件比较差的地区更容易促进灌溉或发挥效果。当用地方政府抗旱资金资助作为工具变量来估算灌溉强度对水稻单产的因果效应时，工具变量模型的估计值所体现的就不是基于样本的平均干预效应，而是一个加权值。重要的是，其中来自水利设施条件较差地区的农户样本会具有更大的权重。所以，水利设施条件较差地区的农户比水利设施条件好的地区的农户更加倚重灌溉，并从灌溉中获得更大的边际收益。既然工具变量估计更多地反映了水利基础设施薄弱地区的灌溉效应，它给出的估计值自然会比 OLS 估计值大。

进一步对上述诠释进行计量检验。检验思路是，将社区是否有地方政府抗旱资金资助变量（工具变量）与社区是否属于灌区变量进行交叉，引入模型（8.2）进行估计。社区是否属于灌区这一变量在一定程度上可以表征该社区的水利基础设施条件。预期如下，如果该交互项的估计系数显著为负，则表明对于水利基础设施条件较好的地区，政府抗旱政策支持的边际作用为负。

表 8.5 报告了针对上述诠释进行检验的估计结果。由于这里重点关注政府抗旱资金支持政策的作用，为简便起见，模型（8.2）中旱灾与水利基础设施变量的交互项没有进行控制。正如所预期的，交互项估计系数显著为负，并且在统计上显著。在水利基础设施条件比较薄弱的地区（社区不属于灌区），政府抗旱政策支持对农户灌溉的作用为 0.887，而对于水利基础设施条件较好（属于灌区）的地区而言，政府抗旱政策支持的作用仅仅为 0.079（0.887－0.808），在经济和统计上均显著。该结果表明，那些水利基础设施条件比较差的地区农户，在灌溉方面对政府的抗旱政策支持更加敏感。

最为重要的是，表 8.4 中的显著的交互项估计结果表明，良好的水利基础设施条件能够显著抵御极端气候事件对水稻生产的负面影响。根据工具变量估计结果，在保持其他因素不变和水利基础设施条件薄弱地区，相比于正常年份，在严重旱灾发生年份水稻单产会降低约 10.7%，在严重洪涝灾发生年份水稻单产会降低约 8%。但是，在乡镇水利基础设施条件较好地区，旱灾发生的负面影响降低至 5.0%（−0.107 + 0.057）；在那些拥有能够直接获取灌溉用水水库的地区，旱灾的负面影响降低至 6.2%（−0.107 + 0.045）。虽然另外两个交互项（中等水利基础设施与是否发生干旱交互项、平地地形与是否发生干旱交互项）统计上不显著，但是对四个交互项的联合统计显著性检验结果发现，它们在 1%的水平上拒绝原假设（*F* 统计值为 4.83），进一步证实了良好的水利基础设施灌溉条件在抵御极端气候事件上的显著效果。上述实证结果与 Yu 等（2010）的模拟研究结果基本一致，后者基于气候变化对越南农业影响的模拟研究发现，农业水利基础设施（灌溉和道路）投资有助于降低气候波动对农业的负面影响。

最后，其他控制变量的系数符号大部分符合直观预期。比如，水稻地块受灾（洪涝、干旱和连阴雨）也会对其单产产生显著负面影响。农业机械投入以及除草剂使用都有助于增加水稻单产。

8.2　补种（苗）对水稻单产的影响

8.2.1　数据和描述性证据

本节所用的数据与 7.3 节分析补种（苗）措施采用决定因素模型所用数据完全相同。数据涵盖五省两年（正常年和受灾年）共 7508 个水稻生产样本。在定量分析补种（苗）措施采用对水稻单产的影响之前，首先对二者之间的关系进行简单统计分析。

前文表 6.10 已经对农户补种（苗）措施的采用比重及补种（苗）面积比例进行了统计分析。表 8.6 报告了水稻地块受灾情况下的补种（苗）措施采用与水稻单产之间的简单统计关系。基于表 8.6 的统计结果，可以发现如下几个基本事实。

表 8.6　农户的补种（苗）措施采用与水稻单产

项目	样本（地块数）	补种（苗）地块比重/%	补种（苗）面积比例/%	水稻单产		
				采取补种(苗)/(千克/公顷)	没有采取补种(苗)/(千克/公顷)	差异百分比/%
水稻地块遭受洪涝灾						
总样本	2244	31	24	4754	4658	2.1
洪涝样本	1920	30	25	4593	4585	0.2
水稻地块遭受旱灾						
总样本	1469	21	19	5257	5264	−0.1
干旱样本	959	21	17	5722	5503	4.0

资料来源：CCAP 2012 年的调查

注：总样本量为 7508，其中洪涝总样本（正常年和受灾年）为 2305×2＝4610，干旱总样本（正常年和受灾年）为 1449×2＝2898。差异百分比是指采取补种（苗）下的水稻单产相比于没有采取补种（苗）下的单产

首先，从水稻地块受灾情况来看，遭受洪涝灾采取补种（苗）的地块比重高于遭受旱灾采取的比重。比如，对于总样本而言，水稻地块遭受洪涝灾的补种（苗）地块比例为 31%，水稻地块遭受旱灾的补种（苗）地块比例只有 21%。不仅如此，水稻地块遭受洪涝灾的补种（苗）面积比例（24%）同样高于遭受旱灾的补种（苗）面积比例（19%）。上述结果意味着，相比于旱灾的影响，农户更倾向于采取补种（苗）措施以应对洪涝灾对水稻生产的影响。

其次，总体来看，在水稻地块受灾情况下，采取补种（苗）措施下的水稻单产高于没有采取该措施下的水稻单产。比如，无论是基于总样本还是洪涝样本，在水稻地块遭受洪涝灾条件下，采取补种（苗）下的水稻单产均高于没有采取补种（苗）下的单产（二者差异百分比分别为2.1%和0.2%）。对于水稻地块遭受旱灾的情况而言，虽然基于总样本的统计没有发现和遭受洪涝灾情况下同样的结果（即使如此，二者差异百分比仅为–0.1%），但基于干旱样本统计显示，采取补种（苗）下的水稻单产高于没有采取补种（苗）下的单产（二者差异百分比为4.0%）。

由于上述统计分析没有控制其他因素，补种（苗）措施采用对水稻单产的边际影响需要通过多元回归模型的估计来识别。接下来建立计量经济模型进一步对此进行定量分析。

8.2.2　计量经济模型及估计策略

1. 模型设定

类似于灌溉对水稻单产的影响估计模型，建立如下计量方程估计补种（苗）措施对水稻单产的影响：

$$y_{ikt}=\alpha_0+\theta \mathrm{RS}_{ikt}+\alpha_1 W_{ct}^d+\alpha_2 W_{ct}^f+\alpha_e E_{ikt}+\alpha_f F_{ikt}+\alpha_h H_{it}+\alpha_l L_{ik}+\alpha_t T+\alpha_p P+\varepsilon_{ikt} \quad (8.3)$$

$$\mathrm{RS}_{ikt}=\beta_0+\beta_1 W_{ct}^d+\beta_2 W_{ct}^f+\beta_3 \mathrm{IV}_{vt}+\beta_4 H_{it}+\beta_5 L_{ik}+\beta_6 R+\varepsilon_{ikt} \quad (8.4)$$

上述式（8.4）即为前面7.3节估计补种（苗）措施采用决定因素的模型（7.2）。所有这些变量的定义与模型（3.7）、模型（7.2）相同，自变量的描述性统计结果报告在表5.1中，因变量的描述性统计报告在表8.1中。

2. 内生性及工具变量

模型（8.3）中，可能存在许多同时影响农户补种（苗）措施采用和水稻单产的不可观测因素，因而使得农户补种（苗）措施采用变量具有潜在内生性。为此，这里采用模型（8.4）中的两个政策变量“社区是否接受到政府洪涝灾前预警信息”和“社区是否接受到政府洪涝灾前预警信息”作为农户补种（苗）措施采用RS的工具变量。正如前文指出的，地方政府的抗灾预警信息服务直接影响农户补种（苗）措施的采用，而与水稻单产结果无关。实际上，该政策变量与农户补种（苗）措施采用的相关强度，已经在第7章分析补种（苗）措施采用的决定因素模型（工具变量的第一阶段）中得到了统计证明。

接下来，采用与分析灌溉效应类似的方法来检验本节工具变量的外生性。检验结果报告在表8.7中，为简便起见，仅报告了工具变量对没有采用补种（苗）措施的样本水稻单产的估计结果。表8.7显示，首先，无论采用混合OLS估计还是固定效应估计，结果均表明两个政策变量和水稻单产之间没有直接关系；其次，对两个工具变量的联合显著性检验也显示二者不能拒绝原假设，表明它们联合不显著。因此，结合 7.3 节表 7.9 的第一阶段估计结果，基本可以证实两个工具变量的外生性。

表 8.7　工具变量的外生性检验

解释变量	(1)	(2)
	混合 OLS 估计	固定效应估计
社区是否接受到政府洪涝灾前预警信息（是＝1，否＝0）	−0.013	−0.040
	（−0.804）	（−1.530）
社区是否接受到政府洪涝灾后预警信息（是＝1，否＝0）	0.003	0.025
	（0.195）	（0.974）
常数项	8.404***	7.614***
	（49.456）	（33.026）
观测值	5872	5872
R^2	0.299	0.171
工具变量的联合统计检验（F 值）	0.34	1.18

注：括号中为稳健性 t 统计量，为简便起见，其他控制变量的估计结果没有报告
*** $p<0.01$

3. 估计策略

首先，采用固定效应估计方法直接估计模型（8.3）。其次，为克服潜在的内生性问题，在详细论述工具变量的相关性和外生性条件下，基于模型（8.4）采用 2SLS 对模型（8.3）进行工具变量估计。直接估计结果和工具变量的固定效应估计结果报告在表 8.8 中的第（1）列和第（2）列。再次，采用工具变量估计方法时，通过估计工具变量对没有采取补种（苗）农户样本水稻单产影响，来检验工具变量的外生性，检验结果报告在表 8.7 中。最后，虽然样本农户来自随机抽样，但同一村内的农户之间的相关性仍然不可避免。因此，估计模型时对标准误差的处理采取了异方差稳健估计量，以克服同村内的样本相互关联。

表 8.8　补种（苗）对水稻单产的影响估计

解释变量	被解释变量：水稻单产（对数值）	
	（1）OLS 估计	（2）2SLS 估计
是否补种（苗）（是＝1，否＝0）	0.135***	0.159**
	（3.640）	（2.339）

续表

解释变量	被解释变量：水稻单产（对数值）	
	（1）OLS 估计	（2）2SLS 估计
极端气候变量		
是否发生干旱（是 = 1，否 = 0）	−0.179*	−0.056***
	（−1.781）	（−3.574）
是否发生洪涝（是 = 1，否 = 0）	0.0003	−0.091***
	（0.005）	（−6.678）
地块是否遭受洪涝灾（1 = 是，0 = 否）	−0.353***	−0.313***
	（−14.684）	（−12.342）
地块是否遭受连阴雨（1 = 是，0 = 否）	−0.150***	−0.149***
	（−3.127）	（−3.123）
地块是否遭受旱灾（1 = 是，0 = 否）	−0.116***	−0.139***
	（−6.499）	（−7.475）
生产投入要素变量		
劳动力投入（对数值）	0.068	0.103
	（1.087）	（1.414）
是否采用早熟品种（1 = 是，0 = 否）	0.047	0.106
	（0.737）	（1.560）
是否采用抗旱品种（1 = 是，0 = 否）	0.020	0.028
	（0.342）	（0.497）
杀菌杀虫剂投入（对数值）	−0.002	0.000
	（−0.131）	（0.002）
除草剂投入（对数值）	0.088	0.135*
	（1.335）	（1.739）
农机投入（对数值）	0.033***	0.037**
	（2.597）	（2.376）
化肥投入（对数值）	−0.023	−0.034
	（−0.865）	（−1.212）
氮肥投入比例	−0.007	0.023
	（−0.061）	（0.206）
钾肥投入比例	0.572	0.256
	（1.386）	（0.672）
家庭经济特征变量		

续表

解释变量	被解释变量：水稻单产（对数值）	
	（1）OLS 估计	（2）2SLS 估计
家庭人均经营耕地面积（公顷）	0.029	0.040
	（0.762）	（0.864）
家庭非农就业劳动时间比重	−0.063	−0.112
	（−0.680）	（−1.095）
家庭种植作物总数	0.003	0.023
	（0.155）	（1.091）
年份虚变量（基组：2010 年）		
2012 年（2012 年＝1，其他＝0）	0.056	0.131***
	（1.012）	（8.595）
2011 年（2011 年＝1，其他＝0）	−0.050	0.122***
	（−0.900）	（6.401）
常数项	8.040***	7.671***
	（21.739）	（19.495）
观测值	7508	7508
R^2	0.299	0.168
第一阶段估计 Wald Chi2（Wald 卡方值）统计量		237.1

注：括号中为稳健性 t 统计量
*** $p<0.01$，** $p<0.05$，* $p<0.1$

8.2.3　实证估计结果

从总体上看，补种（苗）措施采用对水稻单产影响的直接估计结果和工具变量回归结果基本一致（表 8.8）。从表 8.8 可以看出，工具变量模型第一阶段估计 Wald Chi2 统计量达到 237.1，意味着模型运行结果从总体上来看统计检验显著。大多数控制变量的系数符号与预期的结果一致，说明模型总体运行良好且稳定，能较好地解释补种（苗）对水稻单产的影响。这里以 2SLS 估计结果进行解释。

结果发现，补种（苗）对水稻单产的影响显著为正（表 8.8 第 1 行）。根据工具变量估计结果，在保持其他因素不变时，相对于那些没有补种（苗）的农户而言，采取补种（苗）农户的水稻单产会增加约 15.9%。

此外，表 8.8 的结果仍然证实，极端气候事件发生对水稻单产具有显著负面的作用。保持其他因素不变，极端干旱和洪涝对水稻的边际影响分别为−0.056 和−0.091，在统计上均显著。该结果与前文 5.5 节、8.2 节的估计结果一致。

其他控制变量的符号与实际预期基本一致，虽然大部分并不显著。除草剂和农机投入对水稻单产的影响显著为正；时间虚变量的贡献也显著为正，意味着技术进步有助于提高水稻单产。这些结果与前文的分析同样表现一致。

8.3 本章小结

本章应用严谨的实证方法分别估计了灌溉、水利基础设施条件和补种（苗）措施在抵御气候变化风险上的作用。分析结果可以证实，加强灌溉和采取补种（苗）措施均有助于提高水稻单产。同时进一步证实，极端气候事件发生对水稻单产具有显著的负面作用；不过，虽然极端干旱的发生阻碍了农户灌溉用水的可获得性，但是水利基础设施能够显著降低干旱对水稻生产的负面影响。

本章的发现具有重要的政策启示。政府抗灾政策支持、农户的农田管理和水利基础设施对于应对农业生产中的气候变化风险至关重要。在实证研究和政策制定的过程中，社区和政府的政策服务应该得到更多的重视，尤其是在农田水利基础设施薄弱的国家和地区。事实上，Antle 等（2004）通过生态经济综合模型的模拟分析，证实了资源禀赋相对匮乏的地区，通过适应所带来的效益会高于同样的适应在资源禀赋丰裕地区的回报。原因在于，尽管在给定区域范围内的所有农户拥有获取相同生产技术的机会，但是仍然会因空间上物理特征（比如土壤、地形和小气候）等的差异而导致不同的农业生产力。更何况，农户自身所拥有的人力资本（教育、农业生产经验和天生能力）也不尽相同。如果物资和人力资本与自然资源禀赋正相关，那么可以认为那些自然条件更加落后的地区能够通过适应显著降低其脆弱性，从而获得更高的回报。

第 9 章　森林适应极端气候灾害效果评估

9.1　简 要 背 景

气候变化将影响世界许多地区的人类福祉，即使在严格减缓变化速度的情况下也需要有效适应（Adger and Barnett，2009；IPCC，2014）。特别是，气候变化预计将增加极端天气事件的频率和强度（Dai，2013）。作为一种极端天气事件，干旱的发生预计将随着全球气候变化而更加频繁（Jentsch et al.，2007）。据预测，从现在到 21 世纪末，全球遭受干旱的地区将增加 15%～44%（IPCC，2012）。这些变化不仅会对雨水灌溉作物产生直接影响，还会对蓄水产生直接影响，并会增加灌溉用水压力（Verchot et al.，2007）。联合国政府间气候变化专门委员会（IPCC，2014）特别强调了农业部门在极端事件中的脆弱性，以及社会必须积极主动地适应这些事件。

面对严重的气候变化，森林生态系统服务在社会适应中的作用再次得到认可（MEA，2005；World Bank，2010；Doswald et al.，2014；Locatelli，2016）。生态系统适应（ecosystem-based adaptation，EBA）是一种以人类为中心的适应方式（Pramova et al.，2012b）。这种方法背后的想法是，森林所提供的生态系统服务有可能增强社会各部门对气候变化的适应能力（Locatelli et al.，2008；Chong，2014）。因此，一些国际和非政府性质的保护与发展组织通过强调 EBA 在减弱那些在面对极端气候威胁人群的脆弱方面的有效性来促进 EBA（Vignola et al.，2009；Lukasiewicz et al.，2016）。例如，2009～2010 年中国云南发生的极端干旱，强调需要了解可能使森林克服严重干旱压力的关键生态效应（Wang and Meng，2013）。

然而，目前的知识水平不足以支持 EBA 的实施。主要问题是，森林减缓气候变化的效用仅仅是从碳储存、碳固存及减少退化和去森林化而减少排放的角度来考虑（Sheeran，2006；Canadell and Raupach，2008；Soares-Filho et al.，2010；Alemu，2014）。这些研究在很大程度上忽视了森林生态系统对气候变化的适应作用（IUFRO，2009；Pramova et al.，2012b；Pasquini and Cowling，2015）。虽然有大量文献研究了森林的生态系统服务（Martínez et al.，2009；Klemick，2011），但是森林的水文作用仍然是一个有争议的话题（IUFRO，2007；van Dijk and Keenan，2007；FAO，2008）。此外，之前大多数关于流域生态系统服务价值的工作都集中在森林与水的关系上（Rosenqvist et al.，2010；Ellison et al.，2012，2017；Brogna et al.，2017），很少考虑森林本身对当地农民的农业生产适应气候变化的作用。正如 2011 年《联合国气候变化框架公约》所指出的那样，EBA 不应该以孤立的方式实施，而应该通过整合当地人民的生计战略来补充。因此，尽管水文分析提供了丰富的信息，但很难提供有力的证据来支持森林 EBA 政策的实施。

随着气候干旱问题日益严峻，为了扩大 EBA 的实施有一系列问题需要解答。干旱事件如何影响农民的作物生产？森林可以帮助减轻干旱的压力吗？如果是这样，农民如何从森林中获益以适应干旱？回答这些问题不仅有助于更好地了解森林在适应气候变化方面的作用，而且也为决策者制定 EBA 政策提供了经验证据。

为了解决这些问题，本章的总体目标是研究森林在使农民的作物生产适应干旱方面的作用，尤其是森林对农民水稻产量的影响。由于水稻生产严重依赖水资源，并且对干旱事件特别敏感（Pandey and Shukla，2015），研究水稻作物能够更好地了解森林在适应干旱的水压方面的作用。

为实现这一目标，作者在华南五省份 23 个县的 86 个村进行了家庭和社区调查。本章设计独特之处在于它利用干旱事件的外生变化，研究解决森林如何在外源性干旱冲击下影响水稻产量。在此次实地调查中，所选定的作为抽样的县在实施田野调查之前的三年（2010～2012 年）里都曾遭受过一年最严重的旱灾，也在其中的某一年里相对正常。这种抽样方法能够调查出干旱对一个县水稻产量的影响差异在多大程度上是由社区附近（半径 5 公里以内）的森林造成的。

本章将在两个重要方面做出贡献。首先，本章的研究首次尝试严格评估在干旱条件下，森林生态生产力对发展中国家农业生产力的影响。目前大多数关于森林生态系统服务的研究通常都是基于水文分析。然而，本章研究是基于实地调查数据的计量经济学分析，从经验上考察了森林在缓解影响农作物产量的干旱中的作用。其次，该研究超越了传统的森林效应识别。尽管现有研究强调森林 EBA 对于保护人类福祉以应对气候变化至关重要，但森林与水之间的复杂关系仍然是一个争论的问题（IUFRO，2007；Ellison et al.，2012；van der Ent et al.，2012）。在本章中，检验了森林是否可以通过增加农民获得灌溉用水来增加水稻产量。为此，本章使用村庄附近是否有森林的信息，并利用外来干旱事件下农民的灌溉行为来确定森林与灌溉可用性之间的联系。本章试图拓宽对 EBA 的理解，为本章提供有关森林在气候变化适应中的作用的更多见解和证据。

9.2 森林与水相互作用的综合评估

森林提供的水文服务或者与水有关的服务通常被认为对人类福祉至关重要

(MEA，2005)。如 Brauman 等（2007）所言，水文服务包括对森林水流量调节所产生的惠益。供水是可能影响农作物产量的灌溉水供应的关键服务之一，尤其是在干旱条件下（Carvalho-Santos et al.，2014）。然而，森林覆盖与产水量之间潜在的有益关系却备受争议（Andréassian，2004；van der Ent et al.，2012）。

已有大量研究提供了森林对水资源可利用性的争议性证据。如 Ellison 等（2012）指出，关于森林-水资源争论被分为两个学派："需求方"和"供给方"学派。森林-水资源争论的需求学派将森林视为可用水的消费者，以及其他下游用水（农业、能源、工业和家庭）的竞争对手。例如，根据一些小规模研究，由于蒸散量增加，森林可能减少可用的水供应（Zhang et al.，2001；Brown et al.，2005；Farley et al.，2005；Bredemeier，2011）。Hou 等（2018）发现，一些流域因为大规模的造林导致旱季径流量减少；平均而言，森林覆盖率每增加 1%，重新造林初期的干旱季节径流量减少约 4.5 毫米/年。

相反，供给学派研究结果支持森林对水循环的有益影响，强调森林提高了水产量。森林的气候调节功能对水制度和水资源的可得性产生了有益的影响。例如，从某一集水区移走的森林驱动的蒸散量有助于增加大气中水蒸气，促进水蒸气跨大陆运输，从而提高降水事件的可能性并增加产水量（Ellison et al.，2012）。一些关于森林覆盖和地下水补给的研究还发现，适度的树木覆盖可以增加地下水的补给量，在季节性干旱的热带地区，树木种植和各种树木管理方案可以改善地下水资源（Ilstedt et al.，2016）。此外，越来越多关于农林业的研究证明了树木覆盖的好处，比如可持续农业中水的数量和质量的提高（Lasco et al.，2014；Mbow et al.，2014；Hernández-Morcillo et al.，2018）。许多先前的研究也指出了当地森林效益的重要性，比如提升家庭和社区供水的规律性（Schaafsma et al.，2012；Fiquepron et al.，2013；Sisak et al.，2016）。

其他研究则得出了更模糊的发现。D'Almeida 等（2007）注意到，虽然大量的大规模模拟预测表明森林砍伐导致径流减少，但许多地方尺度的观测发现蒸发蒸腾减少，径流增加。这意味着径流变化取决于是否考虑对大气水分流量的影响与流域水平的影响，并根据当地和区域生物物理条件而变化（Calder，2002；Carvalho-Santos et al.，2014）。

总体而言，森林减少或不减少水流量取决于它们对水需求和水供应的相对影响（FAO，2009；Ellison et al.，2012）。根据已有研究，目前还不清楚森林对农作物产量的影响方向。抵消效应意味着森林对作物产量的总体影响是一个经验问题，本章将量化估计森林在应对气候变化中的净效应。中国对农业的高度依赖和长期的森林退化历史，使得研究森林在农业适应气候变化中的作用特别重要。本章的研究建立在之前三项研究的基础上，这些研究考察了气候变化背景下中国的地方性气候变化适应策略。利用大规模的家庭和村庄调查数据，结果显示农民和社区在干旱冲击期间采取的适应措施有所增加，但更有可能受到政府政策的影响。采用类似的方法，发现灌溉基础设施显著提高了农民的抗旱适应能力。最后，利用下述 2010～2012 年的农户适应性调查数据，研究了农民的适应性措施与水稻产量和风险之间的关系。

9.3 数据及模型

本章采用以下三个数据集：①前文已经介绍过的 2012 年底至 2013 年初在中国南方水稻种植区进行的实地调查数据；②五个省份的村级气象记录数据集；③五省的土地利用/土地覆盖变化（land use/land cover change，LUCC）数据集。调查显示了干旱等极端天气事件下社区的森林和灌溉基础设施状况以及水稻产量，而气象数据和 LUCC 数据分别用于测量天气（如温度和降水量）和森林覆盖率。综合这两个数据集有助于识别干旱时期森林对水稻产量的影响。

9.3.1 数据来源

本章中使用的数据一部分来源于关于气候变化对中国农业影响和适应的大规模家庭与社区调查。其中一项调查工具专门用于收集并研究村附近的森林状况。调查设置了一系列问题，包括村庄附近是否有森林，它们是什么类型的森林（天然林或人工林）以及从最近的森林到村庄的距离等。农民报告森林状况信息，然后在村级汇总。基于这一信息，将抽样的村庄定义为森林村庄，而森林状况信息由农民报告，然后由村级汇总。基于这一信息，当有不少于 6 名被调查的农民回答村内 5 公里范围内有森林时，将一个样本村定义为一个森林村；否则村庄被重新编码为非森林村庄。如果采样的村庄属于森林村庄，将指标变量森林设置为 1，如果不属于森林村庄，则将其设置为 0。值得注意的是，作者通过这种实地调查能够进一步探索不同类型森林，即天然林（未受干扰）和人工林对产量的影响。在该研究区域，人工林主要是经济林。需要注意的是，在 2011～2013 年的短期调查期间，森林状况几乎没有变化，这意味着森林变量在整个调查年份都是不变的。

为了证实森林影响的稳健性并克服报告的森林状况的潜在局限性，设计了第二种森林测量方法。本节利用了 2010 年中国 1 公里栅格 LUCC 数据集中的森林覆盖卫星测量数据（Liu et al.，2014）。然后，利用在实地收集的全球定位系统（global positioning system，GPS）信息将这些数据与研究村庄联系起来。具体而言，测量了村庄 5 公里范围内的平均森林覆盖率，该指标的平均值为 0.14，意味着样本村周围 14%的森林覆盖率。这一测量值与 $r = 0.21$ 时的森林报告值呈正相关（$p < 0.001$）。在稳健性检验中，分别测量了村庄 1 公里和 3 公里范围内的森林覆盖率。

此外，调查还涵盖了广泛的其他信息。鉴于本章的研究目标，除了森林信息，还使用以下数据：①村庄的特征（如家庭数量、财富、市场条件、居住区的集中性和连续性、土地面积、土地地形和土壤质量）；②严重干旱年份和正常年份的详细地块及水稻生产数据（如水稻产量和产量损失）；③灌溉措施可能涉及的适应地块水平的极端干旱数据（比如，每季灌溉应用的数量和灌溉水源）；④村庄的灌溉基础设施条件数据。

9.3.2 地理数据

气象信息来自国家气象信息中心。该数据集包含 1960～2012 年国家地面气象站的每日最低、最高和平均温度及降水量。Thornton 等（1997）提出用空间插值方法生成村庄特定降雨量和温度数据，该方法已被广泛使用，并且基于具有一组站点位置的截断高斯加权滤波器的空间卷积（Zhang et al.，2013；Hou et al.，2015）。所需的输入包括数字高程数据、最高温度、最低温度和降水的观测值。调查样本村庄时，通过 GPS 设备收集每个分析村的海拔数据。LUCC 数据集由中国科学院资源环境科学与数据中心[①]提供。然后，将这些地理数据与调查数据合并，以确定森林对水稻产量的影响。

9.4 实 证 模 型

9.4.1 简化式模型

为了正式调查森林对水稻产量的影响，简化模型如下：

$$y_{ikt} = \alpha_0 + \alpha_1 D_{ct} + \alpha_2 D_{ct} \times F_{vc} + \alpha_3 X_{vct} + \gamma_t + a_{ik} + e_{ikt} \tag{9.1}$$

其中，下标 k 和 i 表示第 k 个小区的第 i 个家庭，v 和 c 分别表示村庄和县，t 表示年份（2010～2012 年）。因变量 y_{ikt} 表示对数转换的水稻产量，D_{ct} 表示在县级测量的干旱虚拟变量。如果该县经历了严重的干旱年，则该虚拟变量等于 1，如果该县经历相对正常的年份，则该虚拟变量等于 0。F_{vc} 表示之前定义的森林指标变量，如果样本村半径 5 公里范围内有森林，则该变量等于 1，否则为 0。如前所述，另一种森林措施是村庄 5 公里范围内的森林覆盖率。由于 F_{vc} 在多年中（2010～2012 年）是不变的，因此在固定效应模型的估计中，它将作为时间不变的变量被

① 中国科学院资源环境科学与数据中心，http://www.resdc.cn。

剔除。为了控制森林的影响，在方程（9.1）中加入了 D_{ct} 和 F_{vc} 之间的交互项。这是相关研究中最常用的方法。X_{vct} 是一组水稻产量的外源决定因素。

此外，方程（9.1）包括所有的地块固定效应 a_{ik} 和年份固定效应 γ_t。地块固定效应（a_{ik}）控制未被观测且不随时间变化的地块特征，如当地水资源量、流域大小、地形、土壤和地质，以及森林树种、位置、年龄等。由于针叶树和阔叶树的生态系统服务功能不同，它们在山地和低地的可能影响之间存在重要区别（Brauman et al.，2007）。所有这些森林特征在不同省份的地理位置上有所不同，但短期内不会随着时间的推移而变化，这可以通过式中的固定效应来控制。方程（9.1）控制这些特征的能力至关重要，因为天然森林倾向于在水资源普遍丰富的地区形成，任何遗漏的变量都可能会影响对真实森林效应的估计。年份固定效应（γ_t）对各样区中常见的影响因变量的样区不同年份特征进行控制，包括气候趋势，州和国家环境与自然资源政策的变化。e_{ikt} 是误差项。$\alpha_j(j = 0, 1, 2, 3)$是估计的参数矢量。值得关注的关键参数是 α_1 和 α_2，反映了拥有林地的村庄与其他使用非森林覆盖的村庄相比不同的干旱影响。

因此，通过使用地块固定效应和年份固定效应，控制了县内所有农场共同的干旱冲击后，根据适应决策中的地块特定偏差确定适应参数。也就是说，在控制了类似的干旱冲击经历之后，通过比较位于森林村庄的地块和未位于森林村庄的地块来确定估算值。如果村庄附近的森林有助于减少干旱和提高农民的水稻产量，预计 $D_{ct}\times F_{vc}$ 的系数（即 α_2）为正。在这里，隐含地假设 α_2 对所有类型的森林都是相同的。在 9.4.2 节中放宽了这一假设，并允许干旱的影响在天然林（未受干扰的森林）和人工林之间有所不同。

9.4.2　结构化模型

简化的公式来自以下假设：提供森林对水稻产量的总体影响，排除农民对干旱的适应。森林对水稻产量的边际影响估计值可以解释为森林对产量的直接影响（通过森林对作物生理的影响）和森林对产量的间接影响（通过森林对农民的气候适应行动如灌溉的影响的总和）（Welch et al.，2010）。同时，在回归模型中对农民适应策略的控制可以吸收森林对水稻产量影响的某些总体影响。

除了研究邻近森林对水稻产量的影响，本章也有兴趣研究农民的适应性灌溉策略如何影响水稻的产量。因此，借鉴了 Di Falco 等（2011）和 Huang 等（2015）并通过控制农民的灌溉频率来估算生产函数，如下所示：

$$y_{ikt} = \beta_0 + \beta_1 D_{ct} + \beta_2 D_{ct} \times F_{vc} + \beta_3 X_{vct} + \beta_4 I_{ikt} + \gamma_t + a_{ik} + \mu_{ikt} \qquad (9.2)$$

如前所述，I_{ikt} 表示水稻生长季节灌溉应用的次数。模型（9.2）中的其余变量与模型（9.1）中的相同，对 β_4 的一致估计要求 $E[I_{ikt}\cdot\mu_{ikt} \mid D_{ct}, F_{vc}, X_{vct}, a_{ik}, \gamma_t] = 0$。

地块固定效应隐含地控制了产量的任何时不变决定因素，这些时不变决定因素也随灌溉应用频率而变化。但是，如果水稻产量和灌溉（比如农民的耕种技能）存在时间变化，导致在 β_4 中存在测量误差，则 I_{ikt} 的最小二乘估计将有偏差。因为在一定年份中某地块的灌溉次数作为灌溉水可用量的替代变量，测量误差可能很大（即农民实际获得的灌溉水可能与自行报告的获取水量不同）。

工具变量提供了一种方便的方法来解决遗漏变量和自变量测量误差可能会带来的估计结果偏差问题（Huang et al.，2017）。使用村级灌溉基础设施作为灌溉应用的工具变量，其第一阶段回归方程如下：

$$I_{ikt}=\theta_0+\theta_1 D_{ct}+\theta_2 D_{ct}\times F_{vc}+\theta_3 D_{ct}\times Z_{vt}+\theta_4 X_{vct}+\gamma_t+a_{ik}+\varepsilon_{ikt} \tag{9.3}$$

其中，灌溉应用的实际数量 I_{ikt} 是由干旱、与森林的相互作用（F_{vc}）和灌溉基础设施（Z_{vt}）以及其他控制变量（X_{vct}）共同预测。与方程（9.1）相似，利用交互作用 $D_{ct}\times F_{vc}$ 来识别周围森林在干旱事件中的作用。灌溉基础设施 Z_{vt} 是灌溉工具的载体，包括村庄每公顷耕地的池塘蓄水量（米^3/公顷）和村庄每公顷耕地的水渠数量。从逻辑上看，灌溉基础设施满足适当工具的排除限制；它影响内源变量灌溉，但不影响水稻产量，除非通过其对灌溉的影响。交互项 $D_{ct}\times F_{vc}$ 可以衡量基础设施在决定干旱期间农民灌溉行为中的作用。ε_{ikt} 是误差项。

在样本中，水稻产量和村庄灌溉基础设施的性质之间可能存在其他一些联系。例如，一个村庄池塘的蓄水能力可以反映该村庄的景观和地理位置，这可能与水稻对干旱的稳健性有关。同样，一个村庄的水渠数量可以反映该村庄的水资源。因此，一个拥有更多运河的村庄拥有更好的水资源，因而受干旱的影响较小。为了解决这个问题，如前所述，将固定效应纳入模型，该模型可以控制所有这些村庄特征，这些特征在不同地区有所不同，但在三年的短期内不会随时间变化（如水资源禀赋、村庄的景观和地理，以及其他固定特征）。重要的是，正如在下文说明的那样，这些工具的有效性也经过了统计检验。

方程（9.3）中的第一阶段回归估计了基础设施预测农民灌溉应用的程度。方程（9.2）的第二阶段回归利用第一阶段的预测值来估算森林对附近村庄水稻产量的影响。方程（9.1）和方程（9.2）提供了一种方法来测试灌溉在多大程度上可以解释森林村庄干旱的积极间接影响。如果仅因为灌溉而使林下村庄干旱与水稻产量的关系不同，那么一旦方程（9.2）控制了灌溉对产量的影响，就不应再存在干旱的差异效应。

最终的计量经济学问题涉及系数的标准误差。当解释变量的变化水平高于因变量的变化水平时，传统的稳健性标准误差估计会低估真实的标准误差，并夸大其显著性（Moulton，1986）。为了解决潜在的异方差问题，计算稳健性的标准误差，并将标准误差集中在家庭层面。

9.5 主 要 发 现

9.5.1 对干旱、森林和水稻灌溉的描述性分析

1. 干旱趋势

本章样本省份的干旱严重程度有所增加。历史记录表明，从 20 世纪 80 年代到 21 世纪初，遭受旱灾的年平均作物面积已从 280 万公顷扩大到 340 万公顷，增幅约 21.43%。在同一时期，受旱灾影响的作物面积比例从 36%增加到 66%（NBSC，2012）。此外，遭受严重损失的地区（产量损失至少 30%）占干旱受灾地区（产量损失至少 10%）的比例从 20 世纪 80 年代的 11%增加到 21 世纪前 10 年的 23%（NBSC，2012）。

住户调查还显示了研究地区农民报告的干旱严重程度。如表 9.1 所示，当农民面临严重干旱时，受干旱影响的抽样地块所占比例达到 47%。然而，在相对正常的年份中，该比例大幅下降至 19%。该差异在 1%水平（表 9.1 第 1 行）具有统计学意义。此外，发现水稻平均产量与干旱严重程度呈负相关。例如，在轻度干旱条件（即正常年份）下，实际平均产量为 6927 千克/公顷。然而，在严重干旱条件下，实际平均产量降至 6456 千克/公顷，显著降低了 6.8%（表 9.1 第 2 行）。同样，由干旱引起的产量损失也从正常年份的 16%增加到严重干旱年份的 24%，这意味着产量减少了 50%（第 3 行）。这些结果都是由农民报告的，因此表 9.1 中列出的数值显然已经说明了农民对干旱的反应。

表 9.1 2010～2012 年稻田平均产量和产量损失

稻田平均产量和产量损失	干旱年份 （1）	正常年份 （2）	差异 [（1）－（2）]/（2）×100
受干旱影响土地比例	47%	19%	147.4***
实际平均产量	6456 千克/公顷	6927 千克/公顷	–6.8***
遭受干旱时产量损失	24%	16%	50.0***

注：样本包括正常年份和干旱年份的 1449 个观测值

***表示显著性水平为 1%

2. 森林村庄的森林状况和灌溉

调查结果表明，不同村庄的森林覆盖率不同，这为研究干旱条件下森林与作物灌溉用水的有效性关系提供了良好的实证数据。在所研究的村庄中，大约 12%

的村庄属于本章定义的森林村庄（表 9.2 第 1 行）。该数据表明，在本章的采样区域，大多数村庄周围土地的利用是非森林覆盖型。

表 9.2　2010～2012 年农村森林与农民灌溉关系

村庄情况	所有样本	非森林村庄	森林村庄
村庄所占份额（1）	100	88	12
灌溉强度（2）	5.72	5.63	6.42***
灌溉水源的直接来源：			
小溪河流（3）	50.9	50.1	57.1***
山脉温泉（4）	3.9	3.7	5.3*
灌溉设施（5）	43.6	44.3	38.2**
其他	6.4	6.3	7.4

注：如果样本村位于村庄半径 5 公里以内的森林，则将其定义为森林村庄，否则将其定义为非森林村庄。在调查中，森林与社区之间的平均距离、最小距离和最大距离分别为 0.79 千米、0 千米和 5 千米。比较基准为第 2 列（非森林村庄）

*、**、***分别表示显著性水平为 10%、5%和 1%

农民灌溉用水的可获得性是否与附近森林覆盖有关？

根据水文学相关研究（Aylward，2002；Ilstedt et al.，2016），生态系统提供流域服务，以调节人类活动所需的水量。对于每个家庭，调研组收集了详细的地块级灌溉信息，包括灌溉频率和水源。水稻生长期灌溉的数量用于衡量灌溉水源的可获得性。更多的灌溉次数可能意味着农民更有可能获得灌溉用水。

描述性分析提供了证据，表明农民灌溉用水的可获得性与附近森林覆盖之间存在正相关关系。如表 9.2 第 2 行所示，森林村庄的农民更有可能提高灌溉频率。例如，在非森林村庄，平均灌溉频率约为每季 5.63 次，远低于森林村庄的 6.42 次。

通对水稻灌溉水源的分析，进一步证明了森林与灌溉之间的正相关关系。如表 9.2 所示，森林村庄和非森林村庄之间的灌溉水源存在很大差异。本章发现，与非森林村庄的农民相比，森林村庄的农民更依赖于小溪河流（57.1%）和山脉温泉（5.3%）（第 3 和第 4 行）的灌溉用水。然而，灌溉设施（如池塘和边渠）的情况恰恰相反，森林村庄对灌溉设施中水源使用的比例为 38.2%，低于非森林村庄的 44.3%（第 5 行）。这些差异在 5%的水平上具有统计学意义。在中国农村，灌溉设施通常是通过村庄和/或地方政府的投资建设的（Boyle et al.，2014）。鉴于其在调节水流方面的生态系统服务功能，森林可以补充灌溉基础设施在增加灌溉用水供应方面的作用，从而减少干旱对作物产量的影响。

由于描述性统计数据并未将也可能决定灌溉和作物产量的其他因素纳入考量，因此仍难以确定森林对灌溉的影响以及进一步对水稻产量的影响。在下一节中，将定量地探讨这种效应。

9.5.2　干旱的差异效应

实证分析的第一步，方程（9.1）的基准估计在表 9.3 中给出，其中控制变量为地块固定效应和年份固定效应。首先看第 1 列，估计方程（9.1）通过水稻产量和干旱进行回归分析，同时考虑在森林村庄产生不同的影响，发现干旱系数是负的，具有统计学意义。平均而言，在非森林村庄，干旱事件导致水稻产量平均下降 9.4%，在 1%水平上显著。这一发现与描述性统计数据一致，这些数据表明干旱的严重程度会影响作物生产。然而，干旱的正相关系数和统计显著性与森林变量相互作用，意味着森林村庄的水稻产量与非森林村庄的水稻产量相比，森林村庄的水稻产量显著增加。这一结果证实了在社区周围提高森林覆盖率以适应农田干旱的重要性。

表 9.3　森林村庄干旱的差异效应

解释变量	被解释变量：水稻产量					
	（1）	（2）	（3）	（4）	（5）	（6）
干旱	–0.094***	–0.433**	–0.082**	–0.089***	–0.088*	–0.329**
	（0.024）	（0.178）	（0.037）	（0.024）	（0.046）	（0.139）
干旱×森林	0.055**	0.066**	0.056**	0.059**	0.055**	0.067**
	（0.026）	（0.027）	（0.027）	（0.028）	（0.026）	（0.028）
干旱×温度		0.015**				0.013**
		（0.007）				（0.006）
干旱×沉淀		0.003				0.000
		（0.007）				（0.006）
干旱×高浓度肥沃土壤			–0.024			–0.022
			（0.041）			（0.040）
干旱×中等肥沃土壤			–0.011			–0.006
			（0.035）			（0.034）
干旱×海拔				–0.073		–0.047
				（0.084）		（0.086）

续表

解释变量	被解释变量：水稻产量					
	（1）	（2）	（3）	（4）	（5）	（6）
干旱×平坦地区					−0.007	−0.008
					（0.042）	（0.041）
地块固定效应	Yes	Yes	Yes	Yes	Yes	Yes
年份固定效应	Yes	Yes	Yes	Yes	Yes	Yes
R^2	0.051	0.054	0.051	0.053	0.051	0.055
观测值	2898	2898	2898	2898	2898	2898

注：括号中为标准误

*、**、***分别表示显著性水平为 10%、5%和 1%

1. 稳健性分析

本章对主要结果进行了一系列稳健性检验。首先，在表 9.3 的第（2）至（6）列中，发现地理特征如气候、土壤质量、海拔和地形，这些通常是相关研究中的混淆因素，对估计几乎没有影响。其次，提出了森林对作物产量影响的替代指标。表 9.4 中的估算模式与表 9.3 中的估算模式相比，除了用村级森林覆盖率替换森林变量之外，没有其他的差异。正如报告中的森林数据所显示的那样，森林仍然显著减轻了干旱对作物产量的负面影响。此外，对于森林变量的定义，5 千米的选择可能是任意的。为了解决这个问题，对方程（9.1）分别采用基于 3 千米和 1 千米进行替代后估计。结果显示，森林的影响依旧不变。再次，测试选择性排序问题，并表明自我选择不会导致高估森林效应。最后，本章结果既不受特别有影响力的异常值的驱动，也不受共线性问题的干扰。总的来说，以上证据表明本章的研究设计为评估森林效应提供了可靠的依据。

表 9.4　采取森林替代措施的乡村干旱差异效应

解释变量	被解释变量：水稻产量					
	（1）	（2）	（3）	（4）	（5）	（6）
干旱	−0.151***	−0.465***	−0.140***	−0.147***	−0.153***	−0.361***
	（0.030）	（0.174）	（0.041）	（0.030）	（0.050）	（0.137）
干旱×森林	0.353***	0.365***	0.358***	0.354***	0.353***	0.373***
	（0.059）	（0.062）	（0.060）	（0.060）	（0.060）	（0.063）
地块固定效应	Yes	Yes	Yes	Yes	Yes	Yes
年份固定效应	Yes	Yes	Yes	Yes	Yes	Yes

续表

解释变量	被解释变量：水稻产量					
	(1)	(2)	(3)	(4)	(5)	(6)
R^2	0.067	0.071	0.068	0.069	0.067	0.072
观测值	2898	2898	2898	2898	2898	2898

注：第（1）至（6）列中的模式与表 9.3 相同。除固定效应外，第（1）列没有控制其他变量，第（2）至（5）列控制了气候变量、土壤变量、海拔和地形变量与干旱变量的交互作用。第（6）列包含上述所有交互项。括号中为标准误。

***表示显著性水平为 1%

2. 不同类型森林干旱的差异效应

在确定干旱的差异效应是特定于森林村庄之后，本章检验了这种效应的强度是否因森林类型不同而异。如前所述，主要研究两种类型的森林，即天然林和人工林。

本章为每种森林类型构建一个指标变量，然后在方程（9.1）中增加每个指标变量及其与干旱交互项。表 9.5 中报告了估计值。在第（1）列和第（2）列中，将两组变量中的每一个都包含在控制变量中，每次一个。估计系数表明，干旱与天然林交互项系数显著为正。然而，干旱与人工林的交互项系数并不显著。在第（3）列中，将这些森林变量包含在一起，并在重复估算时获得非常相似的模式。结果表明，天然林在适应干旱方面具有生态生产效应，而人工林并不具有这一效应。与天然林相比，人工林通常具有较低的调节和保水能力，因此无法抵御干旱冲击的影响。在对生态系统作用的分析中，Locatelli 和 Vignola（2009）发现人工林下的总流量或基流量甚至明显低于非林地用途。

表 9.5　天然林和人工林的差异效应

变量	(1)	(2)	(3)
干旱	−0.352**	−0.287**	−0.348**
	(0.138)	(0.138)	(0.136)
干旱×天然林	0.178***		0.177***
	(0.032)		(0.033)
干旱×人工林		−0.028	−0.018
		(0.033)	(0.033)
所有控制变量	Yes	Yes	Yes
地块固定效应	Yes	Yes	Yes
年份固定效应	Yes	Yes	Yes

续表

变量	（1）	（2）	（3）
R^2	0.061	0.053	0.061
观测值	2898	2898	2898

注：括号中为标准误

、*分别表示显著性水平为 5%和 1%

本章研究结果发现，干旱的不同影响程度与森林类型密切相关，这表明森林地区干旱的不同影响与供水密切相关。在以下内容中，将直接检验这种关联，并提供实际情况的其他证据。

9.5.3　灌溉供给是否影响森林效应

1. 水稻灌溉的决定因素

接下来研究灌溉用水的获取是否可以解释森林地区干旱的不同影响。第一步是验证农民将通过调整灌溉频率来适应干旱。利用有关农民灌溉信息的调查数据，提出了 3.2 节中的方程（3.2）和方程（3.3）。

表 9.6 的第（2）列显示了第一阶段的估算结果。估计显示，干旱与农民的灌溉频率呈负相关。然而，灌溉次数和干旱与森林交互项之间显著的正向关系表明，森林使农民在面临干旱条件时能够加强灌溉。此外，与预期一致，即使考虑到当地气候和地形特征的差异，灌溉基础设施也有助于农民在干旱条件下提高灌溉能力。在第（4）列，使用森林的替代测度时，获得了与报告的森林测度相似的结果。

表 9.6　影响农民灌溉的决定因素

变量	水稻产量 （1）	灌溉应用（次数） （2）	水稻产量 （3）	灌溉应用 （次数） （4）
灌溉应用	0.112^{**}		0.126^{**}	
	（0.046）		（0.049）	
干旱	−0.188	−1.328	−0.231	−1.082
	（0.163）	（1.245）	（0.171）	（1.228）
干旱×森林	−0.033	0.925^{***}	0.204^{**}	1.412^{***}
	（0.053）	（0.277）	（0.095）	（0.504）
村庄干旱池塘的蓄水量		0.003^{***}		0.003^{***}
		（0.001）		（0.001）

续表

变量	水稻产量（1）	灌溉应用（次数）（2）	水稻产量（3）	灌溉应用（次数）（4）
村庄干旱的每公顷耕地侧沟数		0.767***		0.739***
		（0.251）		（0.256）
所有控制变量	Yes	Yes	Yes	Yes
地块固定效应	Yes	Yes	Yes	Yes
年份固定效应	Yes	Yes	Yes	Yes
观测值	2898	2898	2898	2898

注：在第（1）列和第（2）列中，森林变量是根据调查报告度量的虚拟变量，而在第（3）列和第（4）列中，森林变量是用森林覆盖率度量的连续变量而非森林虚拟变量。括号中为标准误

、*分别表示显著性水平为5%和1%

本章通过进行以下测试来检验IV的有效性(两个基础设施变量与干旱变量的交互项)。首先，本章对具有不同灌溉基础设施规模的村庄的预处理特征进行了差额测试。探讨了村庄人口特征变量（如家庭数量、土地面积、居住区的集中度和连续性以及财富）、地形和气候的代表（如陆地地形、海拔、水稻生长季节温度和降水）以及市场条件（例如，到最近的县道的距离、到县政府的距离、到最近的农贸市场的距离），根据本章所估计的22个回归系数中，两个（或9%）具有统计学意义，这与偶然性一致。这些村庄在大多数其他途径中都是相似的。

其次，与Di Falco等（2011）的研究相似，通过一个简单的证伪测试来确定这些工具变量的可接受性：如果工具变量是有效的，它将影响灌溉决策，但它不会影响未灌溉农民的水稻产量。如表9.6的第（2）列所示，IV是干旱条件下灌溉频率的统计意义上显著的驱动因子（Wald Chi2 = 8.38，p = 0.000）。本章拒绝了弱工具变量的原假设（即使愿意容忍5%的相对偏差，Wald检验统计量为19.9且超过临界值）。然而，这些工具变量对于没有灌溉的农民来说，不是水稻产量的统计学意义上显著的驱动因素。本章从表9.5和表9.6得出结论，基础设施变量可以被认为是有效的工具变量。

2. 灌溉对水稻产量的影响

在确定森林对农民的灌溉频率有影响后，本章研究表明灌溉与水稻产量正相关，这种关系在很大程度上解释了森林村庄中干旱的不同影响结果。

在表9.6的第（1）列中，估计了方程（9.2），该方程与方程（9.1）（在表9.3第（6）列展示了估算值）相同，但灌溉时间也包含在估算方程中。通过控制变量，发现农民的灌溉行为对水稻产量产生了积极的影响，该结果在5%的水平上显著。

更重要的是，当控制灌溉频率时，森林村庄的干旱差异效应消失了。干旱和森林交互项的估计系数接近 0，不再具有统计学意义。在第（3）列中，虽然在使用森林覆盖率度量时，交互项系数具有统计显著性，但与表 9.4 第（6）列相比，其数值大大减小。这一结果支持了森林由于提高了灌溉用水的可获得性而在干旱状况发生条件下扮演重要角色。总体而言，基于卫星测量的森林的影响在质量上与报告的森林相似，但有一些显著差异。

本章还分别对天然林和人工林进行了 IV 分析，看是否存在异质性效应。表 9.7 第（2）列第一阶段的结果表明，只有天然林而不是人工林对水稻灌溉频率有显著的积极影响。结果再次与基本假设一致，即在小型集水区，新造的森林将需要更多的水并减少水流量（Brown et al.，2005）。第（1）列报告第二阶段的结果表明，当灌溉频率得到控制时，天然林和人工林对水稻产量均没有影响。

表 9.7　森林类型对农民灌溉的影响及其决定因素

变量	（1）	（2）
	水稻产量	灌溉应用（次数）
灌溉应用	0.108**	
	（0.049）	
干旱	−0.199	−1.432
	（0.163）	（1.231）
干旱×天然林	−0.010	1.534***
	（0.088）	（0.407）
干旱×人工林	−0.060	0.453
	（0.047）	（0.348）
村庄干旱池塘的蓄水量		0.003***
		（0.001）
村庄干旱的每公顷耕地侧沟数		0.667***
		（0.258）
所有控制变量	Yes	Yes
地块固定效应	Yes	Yes
年份固定效应	Yes	Yes
观测值	2898	2898

注：括号中为标准误

、*分别表示显著性水平为 5%和 1%

3. 影响的经济程度

到目前为止，一直关注于估计系数的统计意义，但忽略了其对经济的影响。通过使用表 9.6 的估算，进行了许多反事实模拟来展示森林影响的经济规模是巨大的，它提高了灌溉用水的可获得性。

首先考虑灌溉频率增加对水稻产量影响的大小。根据表 9.6 第（1）列和第（3）列的估计，灌溉频率增加 1 次，水稻产量平均增加 11.2%～12.6%。在所研究的五个省中，每个生长期的平均灌溉频率为 5.72。2013 年，水稻种植面积约为 9 391 773 公顷，总产量为 62 024 250 吨，这些省份的平均产量为 6604.11 公斤/公顷。在水稻总产量保持不变的情况下，这一发现表明，由于灌溉频率增加了 1 次，2013 年这些省份的水稻产量增加了 740 万～832 万吨。

其次考虑森林效益的大小，这主要是通过增加灌溉来实现的。根据表 9.6 第（2）列或第（4）列的估计，当遭受严重干旱时，森林村庄的农民灌溉频率增加了 0.93（或 0.30，＝(1.412−1.082)/1.082），与非森林村庄的灌溉频率相比较增加了 69.7%（0.925/1.328）（或 27.7%，＝0.30/1.082）。灌溉频率的增加反过来又使这五个省的水稻产量增加了 230 万～640 万吨。如果将这种影响推算至全国范围，则意味着中国可以增加大米产量 770 万～2120 万吨，相当于 28 亿～77 亿美元。这些影响是巨大的，特别是考虑到本章只考察了森林通过增加灌溉用水的可获得性这一单一渠道的特殊生态系统。

9.6　本 章 小 结

本章研究通过对中国华南五省的稻农实地调查，证明森林与干旱事件的相互作用对农田生产产生重要影响。通过关注森林状况这一单独维度，即森林是否出现在社区附近（不同社区之间存在差异）以及是否有外因引起的干旱事件，分析了干旱发生时，森林存在与否如何影响水稻产量，并确定了森林生态系统在适应气候变化中的作用。结果发现，干旱事件大大降低了水稻产量。但是，如果周围存在森林，这一负面影响可以得到大幅缓解。森林保护了农作物灌溉所需的水源，如果缺少森林，水源会受到干旱压力的严重影响。还发现，干旱产生的不同影响仅与天然林存在与否相关，而与人工林存在与否无关。本章结果提供了一个示例，说明了森林（特别是天然林）和 EBA 对气候变化的重要性。这些结果对于设计有效的适应政策以应对气候变化的影响尤为重要。

第一，除了减缓气候变化外，天然林管理通过提高粮食产量以应对干旱事件也是一个重要举措。因此，将森林 EBA 纳入适应气候变化是国家发展计划的主流。在国家的适应行动纲领中，森林通常不是优先事项（Pramova et al.，2012a）。例如，农业发展计划主要侧重于该部门与产量相关的战略，很少考虑森林等相关系统。森林不仅提供一般的生态系统调节服务，而且通过这些服务提供显著的生态生产力，特别是在存在严重的干旱冲击时。政府在规划森林部门以外经济领域的政策和做法时，应考虑这些森林生态系统服务。此外，政府可以建设基础设施，从上坡的天然森林流域取水，并将其移至非森林流域下坡（如加利福尼亚州）以应对干旱（Taylor，2018）。

第二，中国可能需要继续扩大实施天然林保护项目的政策。在中国的一些地方（如云南省和广西壮族自治区），保护区外的很多森林都被砍伐，这些森林远未得到保护。例如，在该研究区域，近年来，大多数村庄（约 88%）位于非林地。随着国家经济的飞速发展，农业的侵占和森林的砍伐使得大部分森林被砍伐殆尽，取而代之的是高价值作物和速生树种的种植。然而，与天然森林相比，这些人工种植园通常消耗更多的水。因此，从天然林到人工林的转变以及人工林业的森林景观恢复可能对旱季径流产生重要的负面影响。此外，考虑到重新造林对径流的负面影响，也许需要权衡森林覆盖量与渗透，地下水补给和旱季基流稳定的要求（Zhang et al.，2017）。

第三，森林在气候变化适应中的作用对其他发展中国家尤其重要。在某些发展中国家，森林砍伐和森林退化的速度以及对人类福祉的威胁和日益增加的社会脆弱性仍然远远高于发达国家（FAO，2009）。鉴于气候变化和极端事件造成的挑战日益增加，以及森林在减少对粮食生产的负面影响和改善当地适应能力方面的重大贡献，应更详细地探讨发展中国家的森林环境管理措施。

参考文献

摆万奇，张镱锂，刘林山，等. 2012. 黄河源地区藏族游牧对气候变化的适应性. 自然资源学报，27（12）：2030-2038.

操信春，崔思梦，吴梦洋，等. 2020. 水足迹框架下稻田水资源利用效率综合评价. 水利学报，51（10）：1189-1198.

陈风波，陈传波，丁士军. 2005. 中国南方农户的干旱风险及其处理策略. 中国农村经济，（6）：61-67.

陈煌，王金霞，黄季焜. 2012. 农田水利设施抗旱效果评估：基于全国7省（市）的实证研究. 自然资源学报，27（10）：1656-1665.

陈俐静，段伟，吕素洁，等. 2017. 林农气候变化感知及适应性行为研究——以四川大熊猫保护区947户农户为例. 资源开发与市场，（11）：1306-1311.

陈迎. 2000. 气候变化的经济分析. 世界经济，（1）：65-74.

崔静，王秀清，辛贤，等. 2011. 生长期气候变化对中国主要粮食作物单产的影响. 中国农村经济，（9）：13-22.

丁一汇，任国玉，石广玉，等. 2006. 气候变化国家评估报告（I）：中国气候变化的历史和未来趋势. 气候变化研究进展，2（1）：3-8，50.

丁勇，侯向阳，尹燕亭，等. 2011. 半农半牧区农户生产现状及对气候变化的感知与应对——基于内蒙古林西县的调查研究. 中国农学通报，27（14）：104-112.

龚道溢. 1999. 气候变暖与我国夏季洪涝灾害风险. 自然灾害学报，30（3）：30-37.

侯麟科. 2012. 气候变化对农户种植业生产的影响和适应行为研究. 中国科学院研究生院博士学位论文.

居煇，陈晓光，王涛明，等. 2011. 气候变化适应行动实施框架——宁夏农业案例实践. 气象与环境学报，27（1）：58-64.

李平，任卫波，侯向阳，等. 2012. 沙地草原牧户对气候变化适应性调查分析. 草地学报，20（2）：280-286.

刘巍巍，安顺清，刘庚山，等. 2004. 帕默尔旱度模式的进一步修正. 应用气象学报，15（2）：207-216.

刘苇航，叶涛，史培军，等. 2022. 气候变化对粮食生产风险的影响研究进展. 自然灾害学报，31（4）：1-11.

马欣，吴绍洪，戴尔阜，等. 2011. 气候变化对我国水稻主产区水资源的影响. 自然资源学报，26（6）：1052-1064.

潘家华，郑艳. 2010. 适应气候变化的分析框架及政策涵义. 中国人口•资源与环境，20（10）：1-5.

史文娇，陶福禄，张朝. 2012. 基于统计模型识别气候变化对农业产量贡献的研究进展. 地理学报，67（9）：1213-1222.

孙芳，杨修，林而达，等. 2005. 中国小麦对气候变化的敏感性和脆弱性研究. 中国农业科学，38（4）：692-696.

孙军. 2020. 气候变化下 2020-2099 年钱塘江流域水稻单产不确定性研究. 浙江师范大学硕士学位论文.

汪韬，李文军，李艳波. 2012. 干旱半干旱区牧民对气候变化的感知及应对行为分析——基于内蒙古克什克腾旗的案例研究. 北京大学学报（自然科学版），48（2）：285-295.

王丹. 2009. 气候变化对中国粮食安全的影响与对策研究. 华中农业大学博士学位论文.

王金霞，李浩，夏军，等. 2008. 气候变化条件下水资源短缺的状况及适应性措施：海河流域的模拟分析. 气候变化研究进展，4（6）：336-341.

王军. 2008. 气候变化经济学的文献综述. 世界经济，（8）：85-96.

王向辉，雷玲. 2011. 气候变化对农业可持续发展的影响及适应对策. 云南师范大学学报（哲学社会科学版），43（4）：18-24.

肖风劲，张海东，王春乙，等. 2006. 气候变化对我国农业的可能影响及适应性对策. 自然灾害学报，（S1）：327-331.

谢立勇，郭明顺，曹敏建，等. 2009. 东北地区农业应对气候变化的策略与措施分析. 气候变化研究进展，5（3）：174-178.

熊伟，许吟隆，林而达. 2005. 气候变化导致的冬小麦产量波动及应对措施模拟. 中国农学通报，21（5）：380-385.

熊伟，杨婕，林而达，等. 2008. 未来不同气候变化情景下我国玉米产量的初步预测. 地球科学进展，（10）：1092-1101.

徐斌，辛晓平，唐华俊，等. 1999. 气候变化对我国农业地理分布的影响及对策. 地理科学进展，18（4）：316-321.

曾小艳，陶建平. 2013. 气候变化背景下湖北省稻谷产量影响因素研究——基于湖北省 78 个县市面板数据的分析. 华中农业大学学报（社会科学版），107（5）：74-78.

张树杰，王汉中. 2012. 我国油菜生产应对气候变化的对策和措施分析.中国油料作物学报，34（1）：114-122.

中国气象局气候变化中心. 2022. 中国气候变化蓝皮书（2022）. 北京：科学出版社.

钟甫宁，刘顺飞. 2007. 中国水稻生产布局变动分析. 中国农村经济，（9）：39-44.

周曙东，朱红根. 2010. 气候变化对中国南方水稻产量的经济影响及其适应策略. 中国人口·资源与环境，20（10）：152-157.

朱红根，周曙东. 2011. 南方稻区农户适应气候变化行为实证分析——基于江西省 36 县（市）346 份农户调查数据. 自然资源学报，26（7）：1119-1128.

Adams R A. 1999. On the search for the correct economic assessment method. Climatic Change，41：363-370.

Adams R M. 1989. Global climate change and agriculture：an economic perspective. American Journal of Agricultural Economics，71（5）：1272-1279.

Adams R M，Rosenzweig C，Peart R M，et al. 1990. Global climate change and US agriculture. Nature，345：219-224.

Adams R M，Wu J，Houston L. 2003. Climate change and California，appendix IX：the effects of climate change on yields and water use of major California crops，California Energy

Commission. Sacramento：Public Interest Energy Research（PIER）.

Adger W N. 2003. Social capital，collective action and adaptation to climate change. Economic Geography，79（4）：387-404.

Adger W N，Barnett J. 2009. Four reasons for concern about adaptation to climate change. Environment and Planning A，41（12）：2800-2805.

Alemu B. 2014. The role of forest and soil carbon sequestrations on climate change mitigation. Journal of Environment and Earth Science，4（13）：98-111.

Andréassian V. 2004. Waters and forests：from historical controversy to scientific debate. Journal of Hydrology，291：1-27.

Angrist J D，Imbens G W，Rubin D B. 1996. Identification of causal effects using instrumental variables. Journal of the American Statistical Association，91（434）：444-455.

Antle J M，Capalbo S M，Elliott E T，et al. 2004. Adaptation，spatial heterogeneity，and the vulnerability of agricultural systems to climate change and CO_2 fertilization：an integrated assessment approach. Climatic Change，64（3）：289-315.

Ashenfelter O，Storchmann K. 2010. Using hedonic models of solar radiation and weather to assess the economic effect of climate change：the case of mosel valley vineyards. The Review of Economics and Statistics，92（2）：333-349.

Auffhammer M，Hsiang S M，Schlenker W，et al. 2013. Using weather data and climate model output in economic analyses of climate change. Review of Environmental Economics and Policy，7(2)：181-198.

Aylward B. 2002. Land Use，Hydrological Function and Economic Valuation//Bonell M，Bruijnzeel L A. Forests，Water，and People in the Humid Tropics：Past，Present，and Future. Cambridge，UK：Cambridge University Press：99-120.

Babel M S，Agarwal A，Swain D K，et al. 2011. Evaluation of climate change impacts and adaptation measures for rice cultivation in Northeast Thailand. Climate Research，46：137-146.

Boyle C E，Huang Q Q，Wang J X. 2014. Assessing the impacts of fiscal reforms on investment in village-level irrigation infrastructure. Water Resources Research，50（8）：6428-6446.

Brauman K A，Daily G C，Duarte T K，et al. 2007. The nature and value of ecosystem services：an overview highlighting hydrologic services. Annual Review of Environment and Resources，32：67-98.

Bredemeier M. 2011. Forest，climate and water issues in Europe. Ecohydrology，4：159-167.

Brogna D，Vincke C，Brostaux Y，et al. 2017. How does forest cover impact water flows and ecosystem services? Insights from "real-life" catchments in Wallonia（Belgium）. Ecological Indicators，72：675-685.

Brown A E，Zhang L，McMahon T A，et al. 2005. A review of paired catchment studies for determining changes in water yield resulting from alterations in vegetation. Journal of Hydrology，310：28-61.

Bryan E，Deressa T T，Gbetibouo G A，et al. 2009. Adaptation to climate change in Ethiopia and South Africa：options and constraints. Environmental Science and Policy，12：413-426.

Bryant C R，Smit B，Brklacich M，et al. 2000. Adaptation in Canadian agriculture to climatic variability and change. Climatic Change，45（1）：181-201.

Burke M，Dykema J，Lobell D，et al. 2011. Incorporating climate uncertainty into estimates of climate change impacts，with applications to US and African agriculture. NBER Working Paper.

Burke M，Emerick K. 2016. Adaptation to climate change：evidence from US agriculture. American Economic Journal：Economic Policy，8（3）：106-140.

Calder I R. 2002. Forests and hydrological services：reconciling public and science perceptions. Land Use and Water Resources Research，2：1-12.

Canadell J G，Raupach M R. 2008. Managing forests for climate change mitigation. Science，320：1456-1457.

Carvalho-Santos C，Honrado J，Hein L. 2014. Hydrological services and the role of forests：conceptualization and indicator-based analysis with an illustration at a regional scale. Ecological Complexity，20：69-80.

Chen H A，Wang J X，Huang J K. 2014. Policy support，social capital，and farmers' adaptation to drought in crop production of China. Global Environmental Change，24：193-202.

Choi J S，Helmberger P G. 1993. How sensitive are crop yields to price changes and farm programs? Journal of Agricultural and Applied Economics，25：237-244.

Chong J. 2014. Ecosystem-based approaches to climate change adaptation：progress and challenges. International Environmental Agreements：Politics，Law and Economics，14（4）：391-405.

Cline W R. 1996. The impact of global warming on agriculture：comment. The American Economic Review，86（5）：1309-1311.

Collins M，Knutti R，Arblaster J，et al. 2013. Long-term climate change：projections，commitments and irreversibility//Stocker T F，Qin D，Plattner G-K，et al. Climate Change 2013—The Physical Science Basis：Contribution of Working Group I to the Fifth Assessment Report of the Intergovernmental Panel on Climate Change. Cambridge：Cambridge University Press.

D'Almeida C，Vörösmarty C J，Hurtt G C，et al. 2007. The effects of deforestation on the hydrological cycle in Amazonia：a review on scale and resolution. International Journal of Climatology，27：633-647.

Dai A G. 2011. Drought under global warming：a review. WIREs Climatic Change，2：45-65.

Dai A G. 2013. Increasing drought under global warming in observations and models. Nature Climate Change，3（1）：52-58.

Darwin R. 1999. The impact of global warming on agriculture：a Ricardian analysis：comment. American Economic Review，89（4）：1049-1052.

Dell M，Jones B F，Olken B A. 2012. Temperature shocks and economic growth：evidence from the last half century. American Economic Journal：Macroeconomics，4（3）：66-95.

Dell M，Jones B F，Olken B A. 2014. What do we learn from the weather? The new climate-economy literature. Journal of Economic Literature，52（3）：740-798.

Deng X Z，Huang J K，Qiao F B，et al. 2010. Impacts of El Nino-Southern Oscillation events on China's rice production. Journal of Geographical Sciences，20：3-16.

Deressa T T，Hassan R M，Ringler C，et al. 2009. Determinants of farmers' choice of adaptation methods to climate change in the Nile Basin of Ethiopia. Global Environmental Change，19：248-255.

Deschênes O，Greenstone M. 2007. The economic impacts of climate change：evidence from agricultural output and random fluctuations in weather. American Economic Review，97（1）：354-385.

Deschênes O，Greenstone M. 2012. The economic impacts of climate change：evidence from agricultural output and random fluctuations in weather：reply. American Economic Review，102（7）：3761-3773.

Deschênes O，Kolstad C. 2011. Economic impacts of climate change on California agriculture. Climatic Change，109（1）：365-386.

Di Falco S，Veronesi M，Yesuf M. 2011. Does adaptation to climate change provide food security? A micro-perspective from Ethiopia. American Journal of Agricultural Economics，93（3）：829-846.

Doswald N，Munroe R，Roe D，et al. 2014. Effectiveness of ecosystem - based approaches for adaptation：review of the evidence-base. Climate and Development，6（2）：185-201.

Easterling D R，Diaz H F，Douglas A V，et al. 1999. Long-term observations for monitoring extremes in the Americas. Climatic Change，42：285-308.

Easterling D R，Evans J L，Groisman P Y，et al. 2000a. Observed variability and trends in extreme climate events：a brief review. Bulletin of the American Meteorological Society，81：417-426.

Easterling D R，Meehl G A，Parmesan C，et al. 2000b. Climate extremes：observations，modeling，and impacts. Science，289：2068-2074.

Egli D B，Bruening W P. 2000. Potential of early-maturing soybean cultivars in late plantings. Agronomy Journal，92：532-537.

Ellison D，Futter M，Bishop K. 2012. On the forest cover-water yield debate：from demand-to supply-side thinking. Global Change Biology，18（3）：806-820.

Ellison D，Morris C E，Locatelli B，et al. 2017. Trees，forests and water：cool insights for a hot world. Global Environmental Change，43：51-61.

Farley K A，Jobbágy E B，Jackson R B. 2005. Effects of afforestation on water yield：a global synthesis with implications for policy. Global Change Biology，11：1565-1576.

Felkner J，Kamilya T，Robert T. 2012. The impact of climate change on rice yields：the importance of heterogeneity and family networks. Working Paper.

Feng S，Oppenheimer M，Schlenker W. 2012. Climate change，crop yields，and internal migration in the United States. NBER Working Paper.

Feng S Z，Krueger A B，Oppenheimer M，et al. 2010. Linkages among climate change，crop yields and Mexico-US cross-border migration. Proceedings of the National Academy of Sciences，107（32）：14257-14262.

Fiquepron J，Garcia S，Stenger A. 2013. Land use impact on water quality：valuing forest services in terms of the water supply sector. Journal of Environmental Management，126：113-121.

Fisher A C，Hanemann W M，Roberts M J，et al. 2012. The economic impacts of climate change：evidence from agricultural output and random fluctuations in weather：comment. American Economic Review，102（7）：3749-3760.

Fleischer A，Lichtman I，Mendelsohn R. 2008. Climate change，irrigation，and Israeli agriculture：

will warming be harmful? Ecological Economics，65：508-515.

Food and Agriculture Organization of the United Nations（FAO）. 2007. Adaptation to climate change in agriculture，forestry and fisheries：perspective，framework and priorities. Report of the FAO Interdepartmental Working Group on Climate Change. Rome.

Food and Agriculture Organization of the United Nations（FAO）. 2008. Forest and water-a thematic study prepared in the framework of the Global Forest Resources Assessment 2005. Rome：FAO.

Food and Agriculture Organization of the United Nations（FAO）. 2009. How to feed the world in 2050. Rome：FAO.

Foudi S，Erdlenbruch K. 2012. The role of irrigation in farmers' risk management strategies in France. European Review of Agricultural Economics，39（3）：439-457.

Gbetibouo G A. 2009. Understanding farmers' perceptions and adaptations to climate change and variability：the case of the Limpopo Basin，South Africa. Washington，D.C：IFPRI Discussion Paper 00848.

Guan K Y，Sultan B，Biasutti M，et al. 2017. Assessing climate adaptation options and uncertainties for cereal systems in West Africa. Agricultural and Forest Meteorology，232：291-305.

Guiteras R. 2007. The impact of climate change on Indian agriculture. MIT Working Paper.

Hernández-Morcillo M，Burgess P，Mirck J，et al. 2018. Scanning agroforestry-based solutions for climate change mitigation and adaptation in Europe. Environmental Science & Policy，80：44-52.

Hidalgo F D，Naidu S，Nichter S，et al. 2010. Economic determinants of land invasions. The Review of Economics and Statistics，92（3）：505-523.

Hochrainer S，Mechler R，Kull D. 2010. Micro-insurance against drought risk in a changing climate. International Journal of Climate Change Strategies and Management，2（2）：148-166.

Holst R，Yu X H，Grün C. 2013. Climate change，risk and grain yields in China. Journal of Integrative Agriculture，12（7）：1279-1291.

Hou L，Huang J，Wang J. 2015. Farmers' perceptions of climate change in China：the influence of social networks and farm assets. Climate Research，63（3）：191-201.

Hou Y P，Zhang M F，Meng Z Z，et al. 2018. Assessing the impact of forest change and climate variability on dry season runoff by an improved single watershed approach：a comparative study in two large watersheds，China. Forests，9（1）：46.

Howden S M，Soussana J F，Tubillo F N，et al. 2007. Adapting agriculture to climate change. Proceedings of the National Academy of Sciences，104：19691-19696.

Hu R，Huang J K，Jin S Q，et al. 2000. Assessing the contribution of research system and CG genetic materials to the total factor productivity of rice in China. Journal of Rural Development，23：33-70.

Huang J K, Wang Y J, Wang J X. 2015. Farmer's adaptation to extreme weather events through farm management and its impacts on the mean and risk of rice yield in China. American Journal of Agricultural Economics，97：602-617.

Huang Q Q，Rozelle S，Lohmar B，et al. 2006. Irrigation，agricultural performance and poverty reduction in China. Food Policy，31：30-52.

Huang Q Q，Wang J X，Li Y M. 2017. Do water saving technologies save water? Empirical evidence from north China. Journal of Environmental Economics and Management，82：1-16.

Iizumi T，Yokozawa M，Nishimori M. 2009. Parameter estimation and uncertainty analysis of a large-scale crop model for paddy rice：application of a Bayesian approach. Agricultural and Forest Meteorology，149（2）：333-348.

Ilstedt U，Bargués Tobella A，Bazié H R，et al. 2016. Intermediate tree cover can maximize groundwater recharge in the seasonally dry tropics. Scientific Reports，6：21930.

Intergovernmental Panel on Climate Change（IPCC）. 2007a. Climate change 2007-glossary of synthesis report. Contribution of Working Group I，II and III to the Fourth Assessment Report of IPCC. Cambridge，UK：Cambridge University Press.

Intergovernmental Panel on Climate Change（IPCC）. 2007b. Climate change 2007：impacts，adaptation and vulnerability. Cambridge：Contribution of Working Group II to the Fourth Assessment Report.

Intergovernmental Panel on Climate Change（IPCC）. 2012. Managing the risks of extreme events and disasters to advance climate change adaptation. Special Report of the Intergovernmental Panel on Climate Change. Cambridge，UK：Cambridge University Press.

Intergovernmental Panel on Climate Change（IPCC）. 2014. Climate change 2014：impacts，adaptation，and vulnerability. Contribution of Working Group II to the Fifth Assessment Report of the Intergovernmental Panel on Climate Change. Cambridge，UK：Cambridge University Press.

Intergovernmental Panel on Climate Change（IPCC）. 2022. Climate change 2022：Impacts，adaptation，and vulnerability. Contribution of Working Group II to the Sixth Assessment Report of the Intergovernmental Panel on Climate Change. Cambridge，UK：Cambridge University Press.

International Union of Forest Research Organizations（IUFRO）. 2007. Research spotlight：how do forests influence water? Vienna：IUFRO Fact Sheet No. 2.

International Union of Forest Research Organizations（IUFRO）. 2009. Adaptation of forests and people to climate change：a global assessment report. Helsinki：IUFRO World Series Volume 22.

Islam M T，Nursey-Bray M. 2017. Adaptation to climate change in agriculture in Bangladesh：the role of formal institutions. Journal of Environmental Management，200：347-358.

Jayachandran S. 2006. Selling labor low：wage responses to productivity shocks in developing countries. Journal of Political Economy，114（3）：538-575.

Jentsch A，Kreyling J，Beierkuhnlein C. 2007. A new generation of climate-change experiments：events，not trends. Frontiers in Ecology and Environment，5（7）：365-374.

Jin S Q，Huang J K，Hu R，et al. 2002. The creation and spread of technology and total factor productivity in China's agriculture. American Journal of Agricultural Economics，84：916-930.

Kaiser H M，Riha S J，Wilks D S，et al. 1993. Adaptation to global climate change at the farm level//Kaiser H M，Drennen T E. Agricultural Dimensions of Global Climate Change，Delray Beach. Florida：St. Lucie Press，387-397.

Kaiser H M，Riha S J，Wilks D S，et al. 1995. Potential implications of climate change for U.S. agriculture：an analysis of farm-level adaptation. ERS Staff Paper，Number AGES 9522.

Kantolic A G，Mercau J L，Slafer G A，et al. 2007. Simulated yield advantages of extending post-flowering development at the expense of a shorter pre-flowering development in soybean. Field Crops Research，101：321-330.

Karl T R，Knight R W. 1998. Secular trends of precipitation amount，frequency and intensity in the United States. Bulletin of the American Meteorological Society，79：231-241.

Kaufmann R K. 1998. The impact of climate change on US agriculture：a response to Mendelssohn. Ecological Economics，26：113-119.

Kelly D L，Kolstad C D，Mitchell G T. 2005. Adjustment costs from environmental change. Journal of Environmental Economics and Management，50（3）：468-495.

Kim H Y，Ko J H，Kang S，et al. 2013. Impacts of climate change on paddy rice yield in a temperate climate. Global Change Biology，19（2）：548-562.

Kim M K，McCarl B A. 2005. The agricultural value of information on the North Atlantic oscillation：yield and economic effects. Climatic Change，71（1）：117-139.

Kirby M，Mainuddin M. 2009. Water and agricultural productivity in the lower Mekong Basin：trends and future prospects. Water International，34（1）：134-143.

Klemick H. 2011. Shifting cultivation，forest fallow，and externalities in ecosystem services：evidence from the eastern Amazon. Journal of Environmental Economics and Management，61（1）：95-106.

Kurukulasuriya P，Mendelsohn R. 2008. A Ricardian analysis of the impact of climate change on African cropland. African Journal Agriculture and Resource Economics，2：1-23.

Lasco R D，Delfino R J P，Catacutan D C，et al. 2014. Climate risk adaptation by smallholder farmers：the roles of trees and agroforestry. Current Opinion in Environmental Sustainability，6：83-88.

Lashkari A，Alizadeh A，Rezaei E E，et al. 2012. Mitigation of climate change impacts on maize productivity in northeast of Iran：a simulation study. Mitigation and Adaptation Strategies for Global Change，17：1-16.

Levine D，Yang D. 2006. A note on the impact of local rainfall on rice output in Indonesian districts. Ann Arbor：University of Michigan.

Lglesias A，Cancelliere A，Wilhite D A，et al. 2009. Coping with Drought Risk in Agriculture and Water Supply Systems. Dordrecht：Springer.

Li Z，Mount T D，Kaiser H M，et al. 1995. Modeling the effects of climate change on grain production in the U.S.：an experimental design approach. Department of Agricultural Economics，Cornell University，Working Paper.

Lin E，Xiong W，Ju H，et al. 2005. Climate change impacts on crop yield and quality with CO_2 fertilization in China. Philosophical Transactions of the Royal Society B: Biological Sciences，360：2149-2154.

Lippert C，Krimly T，Aurbacher J. 2009. A Ricardian analysis of the impact of climate change on agriculture in Germany. Climatic Change，97（3/4）：593-610.

Liu H，Li X B，Fischer G，et al. 2004. Study on the impacts of climate change on China's agriculture. Climatic Change，65（1/2）：125-148.

Liu J Y，Kuang W H，Zhang Z X，et al. 2014. Spatiotemporal characteristics，patterns，and causes of land-use changes in China since the late 1980s. Journal of Geographical Sciences，24（2）：195-210.

Liu L L，Wang E L，Zhu Y，et al. 2012. Contrasting effects of warming and autonomous breeding on single-rice productivity in China. Agriculture，Ecosystems and Environment，149：20-29.

Lobell D B，Burke M B，Tebaldi C，et al. 2008. Prioritizing climate change adaptation needs for food security in 2030. Science，319（5863）：607-610.

Lobell D B，Burke M B. 2010. On the use of statistical models to predict crop yield responses to climate change. Agricultural and Forest Meteorology，150（11）：1443-1452.

Lobell D B，Cahill K N，Field C B. 2007. Historical effects of temperature and precipitation on California crop yields. Climatic Change，81：187-203.

Lobell D B，Field C B，Cahill K N，et al. 2006. Impacts of future climate change on California perennial crop yields：model projections with climate and crop uncertainties. Agricultural and Forest Meteorology，141（2/3/4）：208-218.

Lobell D B，Hammer G L，McLean G，et al. 2013. The critical role of extreme heat for maize production in the United States. Nature Climate Change，3：497-501.

Lobell D B，Schlenker W，Costa-Roberts J. 2011. Climate trends and global crop production since 1980. Science，333（6042）：616-620.

Locatelli B. 2016. Ecosystem services and climate change//Fish R，Turner R K. Routledge Handbook of Ecosystem Services. London and New York：Routledge：481-490.

Locatelli B，Kanninen M，Brockhaus M，et al. 2008. Facing an uncertain future：how forest and people can adapt to climate change. Bogor，Indonesia：Center for International Forestry Research.

Locatelli B，Vignola R. 2009. Managing watershed services of tropical forests and plantations：can meta-analyses help？Forest Ecology and Management，258（9）：1864-1870.

Lu Y，Li S，Zhang Y，et al. 2017.Contrasting effects of warming on pioneer and fibrous roots growth in Abies faxoniana seedlings at low and high planting density. Acta Physiologiae Plantarum，39（3）：88.

Lukasiewicz A，Pittock J，Finlayson M. 2016. Institutional challenges of adopting ecosystem-based adaptation to climate change. Regional Environmental Change，16（2）：487-499.

Lunduka R W，Bezabih M，Chaudhury A. 2013. Stakeholder-focused cost benefit analysis in the water sector：a synthesis report. London：International Institute for Environment and Development（IIED）.

Luo Q，Bellotti W，Williams M，et al. 2009. Adaptation to climate change of wheat growing in South Australia：analysis of management and breeding strategies. Agriculture，Ecosystems & Environment，129：261-267.

Maddison D. 2007. The perception of and adaptation to climate change in Africa. World Bank Policy Research Working Paper.

Martínez M L，Pérez-Maqueo O，Vázquez G，et al. 2009. Effects of land use change on biodiversity and ecosystem services in tropical montane cloud forests of Mexico. Forest Ecology & Management，258（9）：1856-1863.

Massetti E，Mendelsohn R. 2011. Estimating Ricardian models with panel data. Climate Change Economics，2（4）：301-319.

Mbow C，Smith P，Skole D，et al. 2014. Achieving mitigation and adaptation to climate change through sustainable agroforestry practices in Africa. Current Opinion in Environmental Sustainability，6：8-14.

McCarl B A，Villavicencio X，Wu X M. 2008. Climate change and future analysis：is stationarity dying? American Journal of Agricultural Economics，90（5）：1241-1247.

Mendelsohn R，Arellano-Gonzalez J，Christensen P. 2009. A Ricardian analysis of Mexican farms. Environment and Development Economics，15：153-171.

Mendelsohn R，Dinar A. 1999. Climate change，agriculture，and developing countries：does adaptation matter? The World Bank Research Observer，14：277-293.

Mendelsohn R，Dinar A. 2003. Climate，water，and agriculture. Land Economics，79（3）：328-341.

Mendelsohn R，Dinar A. 2009. Climate Change and Agriculture：An Economic Analysis of Global Impacts，Adaptation，and Distributional Effects. Cheltenham：Edward Elgar Publishing.

Mendelsohn R，Nordhaus W D，Shaw D. 1994. The impact of global warming on agriculture：a Ricardian analysis. American Economic Review，84（4）：753-771.

Mendelsohn R，Nordhaus W D. 1999. The impact of global warming on agriculture：a Ricardian analysis：reply. American Economic Review，89（4）：1053-1055.

Mendelsohn R. 2000. Efficient adaptation to climate change. Climatic Change，45：583-600.

Millennium Ecosystem Assessment（MEA）. 2005. Ecosystems and Human Well-being：the Assessment Series（Four Volumes and Summary）. Washington，DC：Island Press.

Monzon J P，Sadras V O，Abbate P A，et al. 2007. Modelling management strategies for wheat-soybean double crops in the south-eastern Pampas. Field Crops Research，101：44-52.

Moulton B R. 1986. Random group effects and the precision of regression estimates. Journal of Econometrics，32（3）：385-397.

National Bureau of Statistics of China（NBSC）. 2012. China Statistical Yearbook 2011. Beijing：China Statistical Press.

Negri D H，Gollehon N R，Aillery M P. 2005. The effects of climatic variability on US irrigation adoption. Climatic Change，69：299-323.

Nendel C，Kersebaum K C，Mirschel W，et al. 2014. Testing farm management options as climate change adaptation strategies using the MONICA model. European Journal of Agronomy，52（A）：47-56.

Nesbitt A，Kemp B，Steele C，et al. 2016. Impact of recent climate change and weather variability on the viability of UK viticulture-combining weather and climate records with producers' perspectives. Australian Journal of Grape & Wine Research，22（2）：324-335.

Nhemachena C，Hassan R. 2007. Micro-level analysis of farmers' adaptation to climate change in southern Africa. IFPRI Discussion Paper 00714.

Nordhaus W D. 1992. An optimal transition path for controlling greenhouse gases. Science，258（5086）：1315-1319.

Nordhaus W D. 2007. A review of the stern review on the economics of climate change. Journal of

Economic Literature，45（3）：686-702.

Pandey V，Shukla A. 2015. Acclimation and tolerance strategies of rice under drought stress. Rice Science，22（4）：147-161.

Paper O. 2007. Human Development Report 2007/2008. New York：United Nations Development Programme.

Pasquini L，Cowling R M. 2015. Opportunities and challenges for mainstreaming ecosystem-based adaptation in local government：evidence from the Western Cape，South Africa. Environment，Development and Sustainability，17（5）：1121-1140.

Peng S B，Huang J L，Sheehy J E，et al. 2004. Rice yields decline with higher night temperature from global warming. Proceedings of the National Academy of Sciences of the United States of America，101（27）：9971-9975.

Peterson J M，Ding Y. 2005. Economic adjustments to groundwater depletion in the high plains：do water-saving irrigation systems save water? American Journal of Agricultural Economics，87：147-159.

Pramova E，Locatelli B，Brockhaus M，et al. 2012a. Ecosystem services in the national adaptation programmes of action. Climate Policy，12（4）：393-409.

Pramova E，Locatelli B，Djoudi H，et al. 2012b. Forests and trees for social adaptation to climate variability and change. Wiley Interdisciplinary Reviews Climate Change，3（6）：581-596.

Roberts M J，Schlenker W，Eyer J. 2013. Agronomic weather measures in econometric models of crop yield with implications for climate change. American Journal of Agricultural Economics，95：236-243.

Rosegrant M W，Evenson R E. 1992. Agricultural productivity and sources of growth in South Asia. American Journal of Agricultural Economics，74：757-761.

Rosenqvist L，Hansen K，Vesterdal L，et al. 2010. Water balance in afforestation chronosequences of common oak and Norway spruce on former arable land in Denmark and southern Sweden. Agricultural and Forest Meteorology，150：196-207.

Rosenzweig C，Curry B，Ritchie J T，et al. 1994. The effects of potential climate change on simulated grain crops in the United States//Rosenzweig C，Iglesias A. Implications of Climate Change for International Agriculture：Crop Modeling Study. Washington D.C.：United States Environmental Protection Agency.

Rosenzweig C，Parry M L. 1994. Potential impact of climate change on world food supply. Nature，367：133-138.

Sachs J，Panayotou T，Peterson A. 1999. Developing countries and the control of climate change：a theoretical perspective and policy implications. CAER II Discussion Paper，No. 44，Harvard Institute for International Development.

Sadras V O，Monzon J P. 2006. Modelled wheat phenology captures rising temperature trends：shortened time to flowering and maturity in Australia and Argentina. Field Crops Research，99(2/3)：136-146.

Schaafsma M，Morse-Jones S，Posen P，et al. 2012. Towards transferable functions for extraction of Non-timber Forest Products：a case study on charcoal production in Tanzania. Ecological Economics，80：48-62.

Schimmelpfennig D，Lewandrowski J，Reilly J M，et al. 1996. Agricultural adaptation to climate change-issues of longrun sustainability.Washington，D.C.：US Department of Agriculture.

Schlenker W，Hanemann W M，Fisher A C. 2005. Will U.S. agriculture really benefit from global warming? Accounting for irrigation in the hedonic approach. American Economic Review，95（1）：395-406.

Schlenker W，Hanemann W M，Fisher A C. 2006. The impact of global warming on U.S. agriculture：an econometric analysis of optimal growing conditions. Review of Economics and Statistics，88（1）：113-125.

Schlenker W，Lobell D B. 2010. Robust negative impacts of climate change on African agriculture. Environmental Research Letters，5：014010.

Schlenker W，Michael H W，Fisher A C. 2007. Water availability，degree days，and the potential impact of climate change on irrigated agriculture in California. Climatic Change，81：19-38.

Schlenker W，Roberts M J. 2006. Nonlinear effects of weather on corn yields. Review of Agricultural Economics，28（3）：391-398.

Schlenker W，Roberts M J. 2009. Nonlinear temperature effects indicate severe damages to U.S. crop yields under climate change. Proceedings of the National Academy of Sciences，106（37）：15594-15598.

Seo S N N，Mendelsohn R，Munasinghe M. 2005. Climate change and agriculture in Sri Lanka：a Ricardian valuation. Environment and Development Economics，10（5）：581-596.

Seo S N N，Mendelsohn R. 2006. Climate change adaptation in Africa：a microeconomic analysis of livestock choice. CEEPA Discussion Paper No. 19，Pretoria：University of Pretoria.

Seo S N N，Mendelsohn R. 2008a. An analysis of crop choice：adapting to climate change in South American farms. Ecological Economics，67：109-116.

Seo S N N，Mendelsohn R. 2008b. Measuring impacts and adaptations to climate change：a structural Ricardian model of African livestock management. Agricultural Economics，38：151-165.

Sheeran K A. 2006. Forest conservation in the Philippines：a cost-effective approach to mitigating climate change. Ecological Economics，58（2）：338-349.

Shumetie A，Alemayehu M. 2018. Effect of climate variability on crop income and indigenous adaptation strategies of households. International Journal of Climate Change Strategies and Management，10（4）：580-595.

Sisak L，Riedl M，Dudik R. 2016. Non-market non-timber forest products in the Czech Republic—their socio-economic effects and trends in forest land use. Land Use Policy，50：390-398.

Smit B，Skinner M W. 2002. Adaptation options in agriculture to climate change：a typology. Mitigation and Adaptation Strategies for Global Change，7：85-114.

Soares-Filho B，Moutinho P，Nepstad D，et al. 2010. Role of Brazilian Amazon protected areas in climate change mitigation. Proceedings of the National Academy of Sciences，107（24）：10821-10826.

Stage J. 2010. Economic valuation of climate change adaptation in developing countries. Annals of the New York Academy of Sciences，1185：150-163.

Stöckle C O, Donatelli M, Nelson R. 2003. CropSyst，a cropping systems simulation model. European

Journal of Agronomy，18（3）：289-307.

Tack J，Harri A，Coble K. 2012. More than mean effects：modeling the effect of climate on the higher order moments of crop yields. American Journal of Agricultural Economics，94：1037-1054.

Tafesse A，Ayele G，Ketema M，et al. 2013. Adaptation to climate change and variability in eastern Ethiopia. Journal of Economics and Sustainable Development，4（6）：91-103.

Tao F L，Hayashi Y，Zhang Z，et al. 2008a. Global warming，rice production and water use in China-developing a probabilistic assessment. Agricultural and Forest Mateorology，148：94-110.

Tao F L，Yokozawa M，Liu J，et al. 2008b. Climate-crop yield relationships at provincial scales in China and the impacts of recent climate trends. Climate Research，38：83-94.

Tao F L，Zhang Z，Liu J Y，et al. 2009. Modelling the impacts of weather and climate variability on crop productivity over a large area：a new super-ensemble-based probabilistic projection. Agricultural and Forest Meteorology，149：1266-1278.

Tao F L，Yokozawa M，Xu Y L，et al. 2006. Climate changes and trends in phenology and yields of field crops in China，1981-2000. Agricultural and Forest Meteorology，138：82-92.

Tao F L，Zhang Z. 2010. Adaptation of maize production to climate change in North China Plain：quantify the relative contributions of adaptation options. European Journal of Agronomy，33：103-116.

Tao F L，Zhang Z，Zhang S，et al. 2012. Response of crop yields to climate trends since 1980 in China. Climate Research，54：233-247.

Taylor M. 2018. Improving California's forest and watershed management. Legislative Analyst's Office（LAO）Report 2018.

Thomas D S G，Twyman C，Osbahr H，et al. 2007. Adaptation to climate change and variability：farmer responses to intra-seasonal precipitation trends in South Africa. Climatic Change，83：301-322.

Thornton P E，Running S W，White M A. 1997. Generating surfaces of daily meteorological variables over large regions of complex terrain. Journal of Hydrology，190（3）：214-251.

van der Ent R J，Coenders-Gerrits A M J，Nikoli R，et al. 2012. The importance of proper hydrology in the forest cover-water yield debate：commentary on Ellison et al. Global Change Biology，18：2677-2680.

van Dijk A I，Keenan R J. 2007. Planted forests and water in perspective. Forest Ecology and Management，251（1）：1-9.

van Wijk M T，Rufino M C，Enahoro D，et al. 2012. A review on farm household modelling with a focus on climate change adaptation and mitigation. Kopenhagen：Climate Change，Agriculture and FoodSecurity（CCAFS）Working Paper.

Verchot L V，van Noordwijk M，Kandji S，et al. 2007. Climate change：linking adaptation and mitigation through agroforestry. Mitigation and Adaptation Strategies for Global Change，12（5）：901-918.

Vignola R，Locatelli B，Martinez C，et al. 2009. Ecosystem-based adaptation to climate change：what role for policy-makers，society and scientists? Mitigation and Adaptation Strategies for Global Change，14（8）：691-696.

Wang J，Wang E，Yang X G，et al. 2012a. Increased yield potential of wheat-maize cropping system in the North China Plain by climate change adaptation. Climatic Change，113：825-840.

Wang J H，Chang H，Lu C F，et al. 2012b. How important are climate characteristics to the estimation of rice production function? African Journal of Agricultural Research，7（35）：4867-4875.

Wang J X，Huang J K，Yang J. 2014a. Overview of impacts of climate change and adaptation in China's agriculture. Journal of Integrative Agriculture，13（1）：1-17.

Wang J X，Mendelsohn R，Dinar A，et al. 2008. How China's farmers adapt to climate change? World Bank Policy Research Working Paper.

Wang J X，Mendelsohn R，Dinar A，et al. 2009. The impact of climate change on China's agriculture. Agricultural Economics，40：323-337.

Wang J X，Mendelsohn R，Dinar A，et al. 2010. How Chinese farmers change crop choice to adapt to climate change. Climate Change Economics，1：167-185.

Wang J X，Meng Y B. 2013. An analysis of the drought in Yunnan，China，from a perspective of society drought severity. Natural Hazards，67（2）：431-458.

Wang Y，Huang J，Wang J. 2012c. Extreme weather events，disaster information services and farmers' adaptation to climate change in crop production of China. CCAP working paper，Center for Chinese Agricultural Policy（CCAP），Chinese Academy of Sciences.

Wang Y J，Huang J K，Wang J X，et al. 2014b. Household and community assets and farmers' adaptation to extreme weather event：the case of drought in China. Journal of Integrative Agriculture，13（4）：687-697.

Welch J R，Vincent J R，Auffhammer M，et al. 2010. Rice yields in tropical/subtropical Asia exhibit large but opposing sensitivities to minimum and maximum temperatures. Proceedings of the National Academy of Sciences，107（33）：14562-14567.

Winter S R，Musick J T. 1993. Wheat planting date effects on soil water extraction and grain yield. Agronomy Journal，85：912-916.

World Bank. 2010. Convenient solutions to an inconvenient truth：ecosystem-based approaches to climate change. The World Bank，2010：1-91.

Xiao D P，Tao F L. 2014. Contributions of cultivars，management and climate change to winter wheat yield in the North China Plain in the past three decades. European Journal of Agronomy，52：112-122.

Xiong W，Conway D，Lin E，et al. 2009a. Potential impacts of climate change and climate variability on China's rice yield and production. Climate Research，40：23-35.

Xiong W，Declan C，Lin E，et al. 2009b. Future cereal production in China：the interaction of climate change，water availability and socio-economic scenarios. Global Environmental Change，19：34-44.

Xiong W，Lin E，Ju H，et al. 2007. Climate change and critical thresholds in China's food security. Climatic Change，81：205-221.

Yang D，Choi H. 2007. Are remittances insurance? Evidence from rainfall shocks in the Philippines. The World Bank Economic Review，21（2）：219-248.

Yang J，Zhou M，Ren Z，et al. 2021. Projecting heat-related excess mortality under climate change scenarios in China. Nature Communications，12（1）：1039.

Yao F M，Xu Y L，Lin E，et al. 2007. Assessing the impacts of climate change on rice yields in the main rice areas of China. Climatic Change，80：395-409.

Yesuf M，Di Falco S，Deressa T，et al. 2008. The impact of climate change and adaptation on food production in low-income countries：evidence from the Nile Basin，Ethiopia. IFPRI Discussion Papers，93：5747-5752.

Yu B，Zhu T，Breisinger C，et al. 2010. Impacts of climate change on agriculture and policy options for adaptation. IFPRI Discussion Paper.

Yu B，Zhu T，Breisinger C，et al. 2013. How are farmers adapting to climate change in Vietnam? Endogeneity and sample selection in a rice yield model. IFPRI Discussion Paper.

Yue T X，Zhao N，Ramsey R D，et al. 2013. Climate change trend in China，with improved accuracy. Climatic Change，120：137-151.

Zhang L，Dawes W R，Walker G R. 2001. Response of mean annual evapotranspiration to vegetation changes at catchment scale. Water Resources Research，37：701-708.

Zhang M F，Liu N，Harper R，et al. 2017. A global review on hydrological responses to forest change across multiple spatial scales：importance of scale，climate，forest type and hydrological regime. Journal of Hydrology，546：44-59.

Zhang Q Y，Gao Q L，Herbert S J，et al. 2010a. Influence of sowing date on phenological stages，seed growth and marketable yield of four vegetable soybean cultivars in north-eastern USA. African Journal of Agricultural Research，5（18）：2556-2562.

Zhang T Y，Huang Y，Yang X G. 2013. Climate warming over the past three decades has shortened rice growth duration in China and cultivar shifts have further accelerated the process for late rice. Global Change Biology，19（2）：563-570.

Zhang T Y，Huang Y. 2012. Impacts of climate change and inter-annual variability on cereal crops in China from 1980 to 2008. Journal of the Science of Food and Agriculture，92（8）：1643-1652.

Zhang T Y，Zhu J，Wassmann R. 2010b. Responses of rice yields to recent climate change in China：an empirical assessment based on long-term observations at different spatial scales（1981-2005）. Agricultural and Forest Meteorology，150：1128-1137.

Zhang Y，Feng L P，Wang E，et al. 2012. Evaluation of the APSIM-Wheat model in terms of different cultivars，management regimes and environmental conditions. Canadian Journal of Plant Science，92（5）：937-949.

Zhu J. 2004. Public investment and China’s long-term food security under WTO. Food Policy，29：99-111.